电力生产人身伤亡事故典型案例警示教材

防起重伤害事故

温渡江 编著

U0300156

中国电力出版社
CHINA ELECTRIC POWER PRESS

内 容 提 要

本书为《电力生产人身伤亡事故典型案例警示教材》之防起重伤害事故分册，共收集典型事故案例 32 例，并按事故成因规律将其分为 4 个基本类型。

本分册分为两大部分，第一部分依据现代事故成因理论和我国关于人身事故统计分析的相关规定，并结合电力生产事故统计分析的实际需要，简要介绍了人身伤亡事故分析规则，电力生产人身伤亡事故类型、特性及防治要点，以及起重伤害事故的形成机理及防治要点。第二部分按照事故分析规则及相关专业理论，对 30 例起重伤害事故典型案例的直接原因和间接原因，逐一作出了比较规范的分析与研判，并明确指出了导致该事故发生的"违"与"误"。为了提高读者的阅读兴趣，并加深对事故成因规律的认识，还聘请绘画专家为每一个典型事故案例绘制了生动形象的彩色漫画。

本套教材系针对电力企业基层员工量身定做，内容紧密结合工作实际、专业规范的分析与研判、生动形象的卡通人物、鲜活典型且类型齐全的案例警示，能切实促进广大一线员工增强安全意识、提高安全技能。本书可作为电力企业开展安全教育，进行危险点分析与控制的首选培训教材。

图书在版编目（CIP）数据

防起重伤害事故 / 温渡江编著. —北京：中国电力出版社，2015.5（2016.11 重印）
电力生产人身伤亡事故典型案例警示教材
ISBN 978-7-5123-7491-1

Ⅰ.①防… Ⅱ.①温… Ⅲ.①电力工业–伤亡事故–案例–中国–教材
Ⅳ.①TM08

中国版本图书馆CIP数据核字（2015）第067062号

中国电力出版社出版、发行
（北京市东城区北京站西街 19 号　100005　http://www.cepp.sgcc.com.cn）
北京博图彩色印刷有限公司印刷
各地新华书店经售

*

2015 年 5 月第一版　　2016 年 11 月北京第二次印刷
889 毫米 × 1194 毫米　32 开本　4 印张　84 千字
印数 3001—5000 册　　定价 30.00 元

前 言

　　失败是成功之母，说的是一个人只要善于从失败中吸取经验教训，就能获得成功。对于安全生产而言，只要善于分析事故案例，并从中吸取有利于企业安全工作的经验教训，就能有效防止类似事故在本企业发生，并为企业实现长治久安提供重要的决策依据和措施保证。从这个意义上说，事故是安全之母。

　　本书作者在电力企业连续从事专职安全监督管理工作近40年（含退休后的返聘工作时间）。其间，直接或间接接触过的电力生产人身伤亡事故案例数以千计。通过对这些事故案例进行系统的分析研究，并结合长期从事安全监督管理工作实践所积累的经验和体会，逐步发现了一个带有规律性的东西，即电力系统历年来所发生的五花八门的人身伤亡事故，实际上只不过是为数不多的典型事故案例在不断地重复上演而已。这就是说，典型事故案例中蕴藏着事故成因规律，只要掌握了这些典型事故案例的事故成因模型，就能有效防止各类人身伤亡事故的发生。这就是本书作者编写电力生产人身伤亡事故典型案例警示教材的出发点和落脚点。

　　本套教材以中国电力出版社于2009年3月出版发行的《供电企业人身事故成因及典型案例分析》为基础，又广泛收集整理了近几年各级电力主管部门印发的事故通报、快报、简报和事故汇编，通过分析对比，按照事故信息相对比较完整、事故类型齐全和简明实用的原则，最终选择了 228 个典型事故案例，其内容基本上涵盖了国家电网公司《〈电力生产事故调查规程〉事故（障碍）报告统计填报手册》所列举的所有人身伤亡事故类型（暂不包括动物伤害、扭伤及其他）。

本套教材共分为六个分册。分别为：防触电事故，防高处坠落事故，防倒杆事故，防起重伤害事故，防物体打击事故，防车辆、交通、机械、灼烫及其他伤害事故。每册又分为两大部分，第一部分依据现代事故成因理论和我国关于人身事故统计分析的相关规定，并结合电力生产人身事故统计分析的实际需要，简要介绍了人身伤亡事故分析规则，电力生产人身伤亡事故类型、特性及防治要点，以及每分册所述事故类型的形成机理及防治要点。第二部分按照事故分析规则及相关专业理论，对每分册所选典型事故案例的直接原因和间接原因，逐一作出了比较规范的分析与研判，并明确指出了导致该事故发生的"违"与"误"。为了提高读者的阅读兴趣，并加深对事故成因规律的认识，还聘请贺培善为每一事故案例绘制了彩色漫画。在此，编者谨对参与绘画的专家和工作人员表示由衷感谢。

本套教材系针对电力企业基层员工而量身定做，内容紧密结合工作实际，专业规范的分析与研判、生动形象的卡通人物、鲜活典型且类型齐全的案例警示，能切实促进广大一线员工增强安全意识、提高安全技能。

鉴于本书作者知识面及履历的局限性，书中的错漏之处在所难免，欢迎各位读者批评指正。

编　者

2015 年 3 月

|目　录|

第一部分

电力生产人身事故成因综合分析及防治要点

第一章　人身伤亡事故分析规则

为了规范企业职工人身伤亡事故的调查分析与统计工作，我国制定了《企业职工伤亡事故分类》（GB6441—1986）和《企业职工伤亡事故调查分析规则》（GB6442—1986），这是企业进行人身事故调查分析与统计的最低标准与法律依据。为了帮助读者加深对两个国家标准和人身事故成因规律的理解，提高人身事故统计分析水平，切实发挥事故统计分析在反事故斗争中应有的作用，本节结合供电企业人身伤亡事故统计分析的实际需要，对人身事故统计分析的原理和规则作简要介绍。

一、人身事故统计分析原理

进行人身事故统计分析的根本目的是查找事故原因，探寻事故规律，为企业开展反事故斗争提供科学的决策依据。因此，加强对事故成因理论的学习和应用，对于提高企业反事故斗争的分析判断能力和决策水平有着不可替代的作用。

事故成因理论是关于事故的形成原因及其演变规律的学问，其研究领域包括事故定义、致因因素、事故模式、演变规律及预防原理。在安全系统工程理论体系中，事故成因理论处于核心地位，是进行事故危险辨识、评价和控制的基础和前提。

事故成因理论是一定生产力发展水平的产物，它伴随着工业生产的产生而产生，并伴随着工业生产的发展而发展。

事故成因理论的形成和发展，大体上可分为三个阶段，即以事故频发倾向论和海因里希因果连锁论为代表的早期事故成因理论、能量意外释放论理论和现代系统安全理论。

在现代，随着生产技术的提高和安全系统工程理论的发展完善，人们对不安全行为和不安全状态这两个最基本问题的认识也在不断地深化，并逐渐认识到管理因素作为背后原因在事故致因中的重要作用，认识到不安全行为和不安全状态只不过是问题的表面现象，而管理缺陷才是问题的根本，只有找出深层的管理上存在的问题和薄弱环节，改进企业管理，才能有效地防止事故。因此，以安全系统工程理论为导向，事故成因理论进入了一个全新的历史发展时期。在这一时期事故成因理论的主要代表如下所述。

1. 现代因果连锁理论

博德（Frank Bird）在海因里希事故因果连锁理论的基础上提出了现代事故因果连锁理论，其主要观点是：

（1）控制不足——管理。安全管理是事故因果连锁中一个最重要的因素。安全管理者应懂得管理的基本理论和原则。控制是管理机能(计划、组织、指导、协调和控制)中的一种机能。安全管理中的控制指的是损失控制，包括对人的不安全行为和物的不安全状态的控制，这是安全管理工作的核心。

（2）基本原因——起源论。起源论指的是要找出存在于问题背后的基本的原因，而不是停留在表面现象上。基本原因包括个人原因及工作条件两个方面。其中，个人原因包括知识、技能、生理、心理、思想、意识、精神等方面存在的问题；工作条件包括规程制度、设备、材料、磨损、工艺方法，以及温度、压力、湿度、粉尘、有毒有害气体、蒸汽、通风、噪声、照明、周围状况等环境因素。

（3）直接原因——征兆。直接原因是基本原因的征兆和表象，其包括不安全行为和不安全状态两个方面。

（4）事故——接触。从能量的观点把事故看作是人的身体或构筑物、设备与超过其阈值的能量的接触，或人体与妨碍正常活动的物质的接触。

（5）受伤—损坏——损失。伤害包括工伤、职业病，以及对人员精神方面的不利影响。人员伤害及财物损坏统称为损失。

现代因果连锁理论以企业为考察对象，对现场失误（不安全行为和不安全状态）的背后原因（管理失误或管理缺陷）进行了深入的研究，对于企业开展反事故斗争具有很高的指导作用。用系统的观点看问题，一个国家、地区的政治、经济、文化、科技发展水平等诸多社会因素，对事故的发生和预防也有着重要的影响，但这些因素的解决，已超出企业安全工作的研究范围，而充分认识这些因素在事故成因中的作用，综合利用可能的科学技术手段和管理手段来改善企业的安全管理，对于提高企业的反事故斗争水平，却有着十分重要的作用。

2. 轨迹交叉理论

随着生产技术的进步和事故致因理论的发展完善，人们对人与物两种因素在事故致因中的地位与作用，以及相互之间联系的认识不断深化，逐步形成并提出了轨迹交叉理论。

轨迹交叉理论认为，在生产过程中存在人的因素和物的因素两条运动轨迹，两条轨迹的交叉点就是事故发生的时间和空间。该理论将事故的发生发展过程描述为：基本原因→间接原因→直接原因→事故→伤害。两条轨迹的具体内容如下：

（1）人的因素运动轨迹为：①生理、先天身心缺陷；②社会环境、企业管理上的缺陷；③后天的心理缺陷；④视、听、嗅、味、触等感官能量分配上的差异；⑤行为失误。

（2）物的因素运动轨迹为：①设计上的缺陷；②制造、工艺流程上的缺陷；③维护保养上的缺陷；④使用上的缺陷；⑤作业场所环境上的缺陷。

值得注意的是，在许多情况下，人与物的因素是互为因果关系的，即物的不安全状态可以诱发人的不安全行为，人的不安全行为也可以导致物的不安全状态的发生和发展。因此，实际中的事故演变过程，并非简单地按照上面两条轨迹进行，而是呈现较为复杂的因果关系。

人与物两系列形成事故的系统如图 1-1 所示。

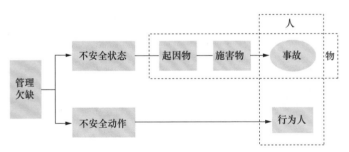

图 1-1　人与物两系列形成事故的系统

轨迹交叉理论突出强调以下两点：

（1）突出强调管理因素的作用，认为在多数情况下，由于企业的管理不善，使工人缺乏教育和训练，或者使设备缺乏维护、检修及安全装置不完备，导致了人的不安全行为或物的不安全状态。这与本书大量事故案例所反映的事实相吻合。

（2）在两条运动轨迹中，突出强调砍断物的事件链，提倡采用可靠性高、结构完整性强的系统和设备，大力推广保险系统、防护系统、信号系统及高度自动化和遥控装置。实践证明，这是一条切实可行并行之有效的防止伤害事故发生的途径。例如：我国电力系统在安装电气防误闭锁装置之前，电气误操作事故及其引发的人身伤害事故频发，而在防护闭锁装置得到普及之后，此类事故便大大减少。又如：美国铁路列车安装自动连接器之前，每年都有数百名工人死于车辆连接作业事故中，铁路部门的负责人把事故的责任归咎于工人的失误，而后来根据政府法令将所有铁路车辆都安装了自动连接器后，该类事故便大大地减少了。

3. 两类危险源理论

根据危险源在事故发生中的作用，可以把危险源划分为两大类。第一类危险源是生产过程中存在的可能发生意外释放的能量或危险物质，第二类危险源是导致能量或危险物质约束或限制措施失效的各种因素。

危险源理论认为，一起伤亡事故的发生往往是两类危险源共同作用的结果。第一类危险源是伤亡事故发生的能量主体，是第二类危险源出现的前提，并决定事故后果的严重程度；第二类危险源是第一类危险源演变为事故的必要条件，决定事故发生的可能性。两类危险源相互关联、相互依存。危险源辨识的首要任务是辨识第一类危险源，然后再围绕第一类危险源辨识第二类危险源。

基于两类危险源理论所建立的事故因果连锁模型如图1-2所示。

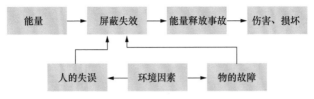

图 1-2　两类危险源事故因果连锁模型

在事故原因统计分析中，我国采用国际上比较通行的因果连锁模型，如图 1-3 所示。

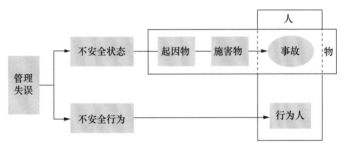

图 1-3　事故统计分析因果连锁模型

该模型着重分析事故的直接原因，即人的不安全行为和物的不安全状态，以及其背后的深层次原因——管理失误。

二、事故分析步骤

（1）整理和阅读调查材料。

（2）按以下七项内容进行分析。

1）受伤部位。指身体受伤的部位。

分类为：①颅脑：脑、颅骨、头皮。②面颌部。③眼部。④鼻。⑤耳。⑥口。⑦颈部。⑧胸部。⑨腹部。⑩腰部。⑪脊柱。⑫上肢：肩胛部、上臂、肘部、前臂。⑬腕及手：腕、掌、指。

⑭ 下肢：髋部、股骨、膝部、小腿。⑮ 踝及脚：踝部、跟部、跖部（距骨、舟骨、跖骨）、趾。

2）受伤性质。指人体受伤的类型。

确定的原则为：①应以受伤当时的身体情况为主，结合愈后可能产生的后遗障碍全面分析确定；②多处受伤，按最严重的伤害分类，当无法确定时，应鉴定为"多伤害"。

分类为：①电伤；②挫伤、轧伤、压伤；③倒塌压埋伤；④辐射损伤；⑤割伤、擦伤、刺伤；⑥骨折；⑦化学性灼伤；⑧撕脱伤；⑨扭伤；⑩切断伤；⑪冻伤；⑫烧伤；⑬烫伤；⑭中暑；⑮冲击；⑯生物致伤；⑰多伤害；⑱中毒。

3）起因物。导致事故发生的物体、物质，称为起因物。例如：锅炉、压力容器、电气设备、起重机械、泵、发动机、企业车辆、船舶、动力传送机构、放射性物质及设备、非动力手工具、电动手工具、其他机械、建筑物及构筑物、化学品、煤、石油制品、水、可燃性气体、金属矿物、非金属矿物、粉尘、梯、木材、工作面（人站立面）、环境、动物等。

4）致害物。指直接引起伤害及中毒的物体或物质。例如：煤、石油产品、木材、水、放射性物质、电气设备、梯、空气、工作面（人站立面）、矿石、黏土、砂、石、锅炉、压力容器、大气压力、化学品、机械、金属件、起重机械、噪声、蒸气、手工具（非动力）、电动手工具、动物、企业车辆、船舶等。

5）伤害方式。指致害物与人体发生接触的方式。分类为：①碰撞：人撞固定物体、运动物体撞人、互撞。②撞击：落下物、飞来物。③坠落：由高处坠落平地，由平地坠入井、坑洞。④跌倒。⑤坍塌。⑥淹溺。⑦灼烫。⑧火灾。⑨辐射。⑩爆炸。

⑪ 中毒：吸入有毒气体、皮肤吸收有毒物质、经口。⑫ 触电。

⑬ 接触：高低温环境、高低温物体。⑭ 掩埋。⑮ 倾覆。

6）不安全状态。指能导致事故发生的物质条件。

a. 防护、保险、信号等装置缺乏或有缺陷。①无防护：无防护罩、无安全保险装置、无报警装置、无安全标志、无护栏或护栏损坏、（电气）未接地、绝缘不良、风扇无消音系统、噪声大、危房内作业、未安装防止"跑车"的挡车器或挡车栏、其他。②防护不当：防护罩未在适当位置、防护装置调整不当、坑道掘进、隧道开凿支撑不当、防爆装置不当、采伐、集材作业安全距离不够、放炮作业隐蔽所有缺陷、电气装置带电部分裸露、其他。

b. 设备、设施、工具、附件有缺陷。①设计不当，结构不合安全要求：通道门遮挡视线、制动装置有缺欠、安全间距不够、拦车网有缺欠、工件有锋利毛刺和毛边、设施上有锋利倒棱、其他。②强度不够：机械强度不够、绝缘强度不够、起吊重物的绳索不合安全要求、其他。③设备在非正常状态下运行：设备带"病"运转、超负荷运转、其他。④维修、调整不良：设备失修、地面不平、保养不当、设备失灵、其他。

c. 个人防护用品用具缺少或有缺陷。①无个人防护用品、用具；②所用的防护用品、用具不符合安全要求。

d. 生产（施工）场地环境不良。①照明光线不良：照度不足、作业场地烟雾尘弥漫视物不清、光线过强。②通风不良：无通风、通风系统效率低、风流短路、停电停风时放炮作业、瓦斯排放未达到安全浓度放炮作业、瓦斯超限、其他。③作业场所狭窄。④作业场地杂乱：工具、制品、材料堆放不安全，采伐时未开

"安全道"，迎门树、坐殿树、搭挂树未作处理，其他。⑤交通线路的配置不安全。⑥操作工序设计或配置不安全。⑦地面滑：地面有油或其他液体、冰雪覆盖、地面有其他易滑物。⑧储存方法不安全。⑨环境温度、湿度不当。

7）不安全行为。指能造成事故的人为错误。

a. 操作错误，忽视安全，忽视警告。未经许可开动、关停、移动机器；开动、关停机器时未给信号；开关未锁紧，造成意外转动、通电或泄漏等；忘记关闭设备；忽视警告标志、警告信号；操作错误（指按钮、阀门、扳手、把柄等的操作）；奔跑作业；供料或送料速度过快；机械超速运转；违章驾驶机动车；酒后作业；客货混载；冲压机作业时，手伸进冲压模；工件紧固不牢；用压缩空气吹铁屑；其他。

b. 造成安全装置失效。拆除了安全装置；安全装置堵塞，失掉了作用；调整的错误造成安全装置失效；其他。

c. 使用不安全设备。临时使用不牢固的设施；使用无安全装置的设备；其他。

d. 手代替工具操作。用手代替手动工具；用手清除切屑；不用夹具固定、用手拿工件进行机加工。

e. 物体（指成品、半成品、材料、工具、切屑和生产用品等）存放不当。

f. 冒险进入危险场所。冒险进入涵洞；接近漏料处（无安全设施）；采伐、集材、运材、装车时，未离危险区；未经安全监察人员允许进入油罐或井中；未"敲帮问顶"开始作业；冒进信号；调车场超速上下车；易燃易爆场合明火；私自搭乘矿车；在绞车道行走；未及时瞭望。

g. 攀、坐不安全位置（如平台护栏、汽车挡板、吊车吊钩）。

h. 在起吊物下作业、停留。

i. 机器运转时加油、修理、检查、调整、焊接、清扫等工作。

j. 有分散注意力行为。

k. 在必须使用个人防护用品用具的作业或场合中，忽视其使用。未戴护目镜或面罩；未戴防护手套；未穿安全鞋；未戴安全帽；未佩戴呼吸护具；未佩戴安全带；未戴工作帽；其他。

l. 不安全装束。在有旋转零部件的设备旁作业穿过肥大服装；操纵带有旋转零部件的设备时戴手套；其他。

m. 对易燃、易爆等危险物品处理错误。

（3）确定事故的直接原因。

（4）确定事故的间接原因。

（5）确定事故责任者。

三、事故原因分析

1. 直接原因

（1）物的不安全状态。

（2）人的不安全行为。

2. 间接原因

管理缺陷或管理失误：①技术和设计上有缺陷——工业构件、建筑物、机械设备、仪器仪表、工艺过程、操作方法、维修检验等的设计、施工和材料使用存在问题。②教育培训不够，未经培训，缺乏或不懂安全操作技术知识。③劳动组织不合理。④对现场工作缺乏检查或指导错误。⑤没有安全操作规程或不健全。⑥没有或不认真实施事故防范措施，对事故隐患整改不力。⑦其他。

3. 分析步骤

在分析事故时，应从直接原因入手，逐步深入到间接原因，从而掌握事故的全部原因，再分清主次，进行责任分析。

四、事故责任分析

事故责任分析的目的，在于分清责任，作出处理，使企业领导和职工从中吸取教训，改进工作。

（1）根据事故调查所确认的事实，通过对直接原因和间接原因的分析，确定事故中的直接责任者和领导责任者。

（2）在直接责任者和领导责任者中，根据其在事故发生过程中的作用，确定主要责任者。

（3）根据事故后果和事故责任者应负责任提出处理意见。

五、事故结案归档材料

当事故处理结案后，应归档的事故资料如下：①职工伤亡事故登记表；②职工死亡、重伤事故调查报告书及批复；③现场调查记录、图纸、照片；④技术鉴定和试验报告；⑤物证、人证材料；⑥直接和间接经济损失材料；⑦事故责任者的自述材料；⑧医疗部门对伤亡人员的论断书；⑨发生事故时的工艺条件、操作情况和设计资料；⑩处分决定和受处分的人员的检查材料；⑪有关事故的通报、简报及文件；⑫注明参加调查组的人员姓名、职务、单位。

事故资料是进行安全教育的宝贵教材。它揭示了生产劳动过程中的危险因素和管理缺陷，对生产、设计、科研工作都有指导作用。同时，它也是制定安全规章制度和反事故措施的重要依据。建立必要的制度，认真保存好事故档案，发挥其应有作用，是搞好安全生产工作的重要环节。

第二章 电力生产人身事故类型、特性及防治要点

一、电力生产人身事故类型

进行事故分类的目的是为了更好地认识和掌握事故规律。科学的事故分类能使事故管理工作做到系统化和有序化，从而极大地提高人们的认识效率和工作效率。

由于人身事故的属性是多方面的，因而分类的方法也是多种多样，在不同的情况下，可以采用不同的分类方法。具体采用何种方法，要视表述和研究对象的情况而定。

进行事故分类的四项基本原则是：①最大表征事故信息原则；②类别互斥原则；③有序化原则；④表征清晰原则。

本书从进行电力生产人身事故成因及典型案例分析的需要出发，在事故类型上采用国家电网公司《〈电力生产事故调查规程〉事故（障碍）报告统计填报手册》（2006-1-1 实施）的分类方法。该方法按照造成人员第一伤害的直接原因，将电力生产人身事故分为 21 个类型。这 21 个事故类型的名称及含义如下：

（1）触电。指电流流经人身造成的生理伤害。包括在生产作业场所发生的直接、间接、静电、感应电、雷电、跨步电压等各种触电方式所造成的伤害。触电后如发生高处坠落、电灼伤、淹溺等第二伤害，均统计为触电事故，而不按第二伤害的类型统计为高处坠落、灼烫伤、淹溺等事故。

（2）高处坠落。指由于危险重力势能差所引起的伤害。主要指高处作业所发生的坠落，也适用于高出地面的平台陡壁作业及地面失足坠入孔、坑、沟、升降口、料斗等坠落事故。不包括触电或其他事故类别引发的坠落事故。

（3）倒杆塔。指因输配电线路杆塔倾倒而使现场人员受到的伤害。GB 6441—1986 中无此分类，向政府安全生产监督管理部门上报时，可根据实际情况按高处坠落、物体打击或起重伤害事故类别处理。

（4）物体打击。指因落下物、飞来物、滚石、崩块等运动中的物体所造成的伤害。包括砍伐树木作业发生"回头棒"、"挂枝"伤害和锤击等。不包括因倒杆塔和爆炸引起的物体打击。

（5）机械伤害。指各种机械设备和工具引起的绞、碾、碰、卷扎、割戳、切等造成的伤害。不包括车辆、起重、锅炉、压力容器等已列为其他事故类别的机械设备所引起的伤害。

（6）起重伤害。指从事起重作业时引起的机械性伤害。抓煤机、堆取料机及电动葫芦、千斤顶、手拉链条葫芦、卷扬机、线路的张力机等均属于起重机械。起重作业时，由于起重机具、绳索及起重物等与人体接触所造成的机械性伤害，均应统计为起重伤害，而不应统计为其他事故类别。

（7）车辆伤害。指凡生产区域内及进厂、进变电站的专用道路或乡村道路（交通部门不处理事故的道路）发生机动车辆（含汽车类、电瓶车类、拖拉机类、有轨车辆类、施工车辆类等）在行驶中发生挤压、坠落、撞车或倾覆，行驶时人员上下车，发生车辆运输挂摘钩、车辆跑车等造成的人员伤亡事故；本企业负有"同等责任"、"主要责任"或"全部责任"的本企业职工伤亡事故，应作为电力生产事故统计上报。若车辆伤害不涉及其他企业，则不论责任如何认定（含受伤害职工本人负有责任）均应统计为本企业电力生产事故。

（8）淹溺。指大量水经口、鼻进入肺，造成呼吸道阻塞，发生急性缺氧而窒息死亡。

（9）灼烫。指火焰烧伤、高温物体烫伤、化学灼伤（酸、碱、盐、有机物引起的体内外灼伤）、物理灼伤（光、放射性物质引起的体内外灼伤），不包括电灼伤和火灾引起的烧伤。

（10）火灾。企业中发生的在时间和空间上失去控制的燃烧所造成的人身伤害。

（11）坍塌。建筑物、构筑物（含脚手架）、堆置物料倒塌及土石方塌方引起的伤害。不适于车辆、起重机械、爆破引起的坍塌。

（12）放炮。指爆破作业中发生的人身伤害。

（13）中毒和窒息。在生产条件下，毒物进入机体与体液，细胞结构发生生化或生物物理变化，扰乱或破坏机体的正常生理功能。食物中毒和职业病均不列入本事故类别。

（14）刺割。指工作时钉子戳入脚，身体被金属或刀片快口割破。GB 6441—1986 中无此分类，向政府安全生产监督管理部门上报时，可按其他事故类别处理。

（15）道路交通。凡职工（含司机及乘车职工）在从事与电力生产有关的工作中，发生的由公安机关调查处理的道路交通事故，且在《道路交通事故责任认定书》中判定本方负有"同等责任"、"主要责任"或"全部责任"，则本企业职工伤亡人员作为电力生产事故。本企业车辆造成他方车辆损坏或人身伤亡、道路行人、骑车人伤亡，仅向道路交通部门报，电力生产不予统计。

（16）跌倒。指由于跌到而造成的人身伤害。

（17）扭伤。指由于用力不当造成腰间盘脱出、骨关节脱位、肌肉拉伤、肌肉撕裂等伤害。

（18）动物伤害。指由于动物或昆虫造成的伤害。

（19）受压容器爆炸。指锅炉汽水受热面爆破、汽水压力管道、生产性压力容器（除氧器、加热器、压缩气体储罐、氢罐等）发生的物理性爆炸（容器壁破裂）和化学爆炸。

（20）其他爆炸。指所有除火药、锅炉、压力容器、气瓶爆炸以外的爆炸事故。如可燃气体（乙炔、氢、液化气、煤气等）、可燃性蒸气（汽油、苯）、可燃性粉尘（镁、锌粉、棉麻纤维、煤尘等）与空气混合引起的爆炸。锅炉燃烧室爆炸（炉膛放炮）也属此类事故。

（21）其他。指凡不能列入上述类别的伤亡事故。

对于以上事故类型的形成原因，本书将依据事故分类四项基本原则，并结合电力生产事故调查分析的实践经验和典型事故案例进行细分类。

二、电力生产人身事故成因基本特性

1. 集中性

根据历年事故统计资料分析，在《〈电力生产事故调查规程〉事故（障碍）报告统计填报手册》所列的 21 个事故类型中，主要集中在触电、高处坠落、倒杆、物体打击和起重伤害五种事故类型上。这种集中性，很显然地是由电力生产的核心业务内容及其行业特征所决定的。

以本书作者曾经收集的 451 个事故案例为例，各类事故所占的比重如表 2-1 所示。

表 2-1　　　　　　供电企业人身事故分类统计表

事故类别	触电	高处坠落	倒杆	物体打击	起重伤害	其他	合计
事故次数	238	70	39	29	25	50	451
比重（%）	52	16	9	6	6	11	100

2. 倾向性

倾向性包括人的倾向性和单位（部门）的倾向性。人的倾向性指的是人身事故的肇事者和伤亡人员具有十分相近的素质特征，即绝大多数的事故都发生在青工、临时工、外包工、民工、农电工等素质水平较低的人员身上。单位或部门的倾向性指的是事故多发生在工作任务比较繁重或安全管理比较薄弱的单位或部门，输、配、变三个专业的人身事故大约占企业事故总数的 95%。

以本书作者曾经收集的 451 个事故案例为例，电力生产各专业人身事故所占的比重如表 2-2 所示。

表 2-2　　　　　　供电企业人身事故专业分类统计表

专业类别	变电	输电	配电	其他	合计
事故次数	134	163	127	27	451
比重（%）	30	36	28	6	100

3. 季节性

由于电力生产的生产活动受季节的影响比较大，因而其人身事故的发生也带有一定的季节性。与设备事故的季节性不同的是，设备事故的季节性受自然因素的影响比较大，而人身事故的季节性则主要受生产活动频度的影响，也就是说在工作比较繁忙的季节，发生人身事故的概率比较大。

以本书作者曾经收集的 451 个事故案例为例，电力生产人身伤亡事故月（季）度统计表如表 2-3 所示。

表 2-3　　　　供电企业人身伤亡事故月（季）度统计表

月份	1	2	3	4	5	6	7	8	9	10	11	12
次数	36	29	37	47	43	45	51	38	37	32	37	19
季度合计		102			135			126			88	
比重(%)		23			30			28			19	

4. 违误性

电力生产的人身事故几乎百分之百地与"违"、"误"二字有关。

"违"与"误"是不安全行为和管理缺陷的本质特征，是导致各种不安全因素滋生、滋长并演变为事故的最活跃、最直接的因素，本书的事故案例分析十分清楚地反映了这一点。

5. 多因性

多因性指的是某一事故的发生往往是由多方面的因素造成的，除了与不止一种的不安全行为和不安全状态相关以外，还与不止一种的管理因素有关。纯属某一人或某一元素造成的事故案例几乎不存在。这一点在本书的事故案例分析中也可以看得十分清楚。

6. 潜伏性

由于事故的多因性，事故的形成往往需要一定的潜伏期，以等待激发因素的出现。从事故分析中也可以清楚地看到这一点，即一次事故的发生往往是一系列关口失守和各种不安全因素长期积累的结果。从一定意义上说，事故的这种潜伏性既是习惯性违章产生的原因，也是习惯性违章的必然结果。

7. 可控性

通过对事故案例的分析，人们不难发现，导致事故的直接原因其实都很简单，并不存在无法逾越的技术难题，只要当初真正用心提防，所有的事故都是可以控制和避免的。

8. 重复性

重复性指的是同类型事故在相同或不同时空重复出现的现象。事故的重复性是企业对事故安全教育重视不够的必然结果。如果企业能够组织职工认真学习相关事故资料，并注意从事故案例中吸取教训、举一反三、查找隐患、采取防范措施，那就不可能导致事故的重复发生。

三、电力生产人身事故防止要点

电力生产的反事故斗争应以现代事故成因理论为依据，以安全系统工程理论为导向，牢固树立科学发展观，认真做好宏观控制与微观控制两篇文章。宏观控制指的是企业反事故斗争的总体思路与对策，微观控制指的是针对具体的事故类型而采取的控制措施和方法。本节主要探讨宏观控制的问题。

1. 依据人机环境系统本质安全化原理，实现生产要素的优化配置及和谐运转

人机环境系统本质安全化，指的是在一定技术经济条件下，通过改善企业的安全管理，将人机环境系统建设成为各生产要素安全性品质最佳匹配的系统。也就是说，人机环系统本质安全化追求的目标，是系统整体安全品质的最佳化，是各生产要素之间的和谐相处，而并非某一个别要素的高标准。很显然，要实现这一目标，管理机制是决定因素。

实现生产要素优化配置的基本流程如图 2-1 所示。

图 2-1　人机环境系统生产要素优化配置流程

图 2-1 中各节点和流程的含义如下：

（1）优化物质条件。

优化物质条件指的是企业的设备、机械、物料、作业环境及劳动防护用品等物质条件的安全品质，应在满足国家或行业标准的基础上，通过技术经济比较，尽量采取先进技术，使之不断得到提高，并通过维护保养来保证其安全品质的稳定性。物质条件的优化是生产要素优化配置的前提和基础。

（2）完善行为规范。

企业应在现有的物质条件下，通过系统安全分析，建立健全安全规章制度和操作规程，有针对性地制订现场安全措施，

以使企业的各项生产活动做到有章可循、规范有序。

（3）宣贯行为规范。

行为规范产生后，企业应通过各种行之有效的方式方法，加强教育培训和考核工作，以使全体职工牢牢掌握其应知应会的全部规范内容，不留任何漏洞和薄弱环节。

（4）实施行为规范。

企业的全体职工均应严格按行为规范办事，做到有章必依。

（5）实施监督管理。

在企业实施行为规范的过程中，企业的领导和管理人员应加强监督管理，做到执法必严，奖惩严明。

（6）数据处理。

企业在实施行为规范的过程中，应注意积累各种数据资料，并定期进行数据分析与处理，从中提取有用信息，为企业优化物质条件和完善行为规范提供决策依据。

2. 用懂、慎、真的安全意识和严、细、实的工作作风加强职工队伍建设

懂、慎、真的安全意识和严、细、实的工作作风是生产安全行为的本质和精髓，是不安全行为和不安全状态的克星。严、细、实的工作作风已提倡多年，而懂、慎、真的安全意识则是本书作者比较新颖的提法，其基本含义是：懂是指对所办事情的相关知识、信息了解、明白、掌握、在行；慎是指一个人在办事的过程中应怀有忧患意识，要谨慎、当心、用心；真是指要有说真话、办实事和实事求是的精神。

明白了上述含义，就不难理解用懂、慎、真的安全意识和严、细、实的工作作风加强职工队伍建设的必要性和重要性。

3. 有针对性地开展危险点分析与控制

由于电力生产的生产活动，尤其是输配电线路作业带有较大的随机性，因此不可能将所有行为规范都标准化，而必须根据不同的作业时间、地点、人员、工作内容及环境条件采取有针对性的控制措施，这就需要经常地有针对性地开展危险点分析与控制。

危险点分析与控制指的是在施工作业前，针对某一特定的生产活动，通过一定的方法和途径，运用安全系统工程的理论与方法，从生产要素（人、物、环境、管理和程序）的各个方面、环节及部位，对作业中可能出现的危险点及其演化为事故的必要条件进行分析判断，从而有针对性地采取控制措施，并在实际工作中认真贯彻执行，以防止各种生产安全事故的发生，达到安全生产的目的。

在进行危险点分析与控制时，应注意运用"六点两面五要素"的理念对各生产要素进行一次全方位的搜索或扫描。这样做的好处是可以弥补人们在思考问题时可能存在的某种局限性，避免孤立、静止、片面地看问题，能抓住问题的重点和关键，提高办事的效益和效率。但应切忌思维方式的绝对化，要正确处理一般与特殊、共性与个性的关系，既要注意掌握同类型工作危险点控制的一般规律，又要善于结合现场实际，做到具体问题具体分析，以增强措施的针对性和实效性。

"六点两面五要素"的理念指的是在进行危险点分析与控制的过程中，应以"六点"和"两面"作为观察、分析问题的方法和视角，而以"五要素"作为观察、分析问题的对象或客体，进行全方位、多视角的分析研究，有重点、有针对性地采取防范措施。

"六点"的名称和基本含义是：

（1）重点。指在某一特定的生产活动中影响安全的主要矛盾和矛盾的主要方面。

（2）要点。指可能导致某种事故发生的关键或激发因素。

（3）疑点。指某项施工作业所涉及的而尚未被认识的技术问题，例如新技术、新工艺、新设备、新材料的技术性能和参数，以及在施工作业过程中发生的某些异常现象等。

（4）难点。指安全生产中遇到的难度较大的技术、安全问题，或不良作业环境为施工作业带来的各种问题和困难。

（5）弱点。指各生产要素及其组合方式中存在的不足和薄弱环节。

（6）盲点。指施工中突然出现的出乎当事人意料的各种问题和不安全因素。

"两面"指的是在进行危险点分析与控制时，应从宏观和微观两个方面进行观察与思考。不要只见树木不见森林，也不可只见森林不见树木。

"五要素"指的是人、物、环境、管理和程序（办事规则）这五个基本要素。其中，管理指的是与现场作业相关联的组织、指挥、控制、协调、监督、指导等管理性工作；办事规则指的是现场作业的程序和方法，它好比电脑的程序软件，是现场各生产要素有序运作的灵魂。

用"六点两面五要素"的理念进行危险点分析与控制，可以避免盲目性，增强针对性；避免片面性，增强全面性；避免孤立性，增强系统性，收到事半功倍的效果。

4. 用辩证唯物主义和系统论的观点，正确认识各生产要素在事故成因中的地位与作用

成因理论的本质特征，是分析研究各生产要素在事故成因中的地位和作用及其相互之间的联系。与这一本质特征相适应的研究方法，是辩证唯物主义和现代安全系统理论。

（1）应全面、系统、实事求是地分析评价各生产要素，包括人、物、环境和管理，在事故成因中的地位和作用，而不应有任何的偏废或疏漏。

（2）应辩证地看待各生产要素之间的联系和作用，而不应孤立、片面、机械地强调某一个方面而否定另一个方面。人的不安全行为可以造成物的不安全状态，物不安全状态也可以引发人的不安全行为，甚至于一个事物本身就同时具有不安全行为和不安全状态两种属性。例如：停电作业中不采取验电接地措施，从人的角度看，它是一种不安全行为，而从物的角度看，则又是一种不安全状态。又如：杆塔的登高设施不完善是一种不安全状态，而登高作业人员如因登高设施的不完善而导致动作失误，则又演变为一种不安全的行为。在管理与人、物的关系上也是如此。一方面，管理因素是不安全行为和不安全状态的根源和控制因素，另一方面，不安全行为和不安全状态又可反作用于管理，成为改进管理的压力与动力。因此，各生产要素之间在客观上存在着一种既相互矛盾又相互依存的对立统一关系。

（3）应在系统分析的基础上，明确各生产要素在事故成因中的层次性及相互之间的基本对应关系。这种关系如图2-2所示。

图 2-2　企业人身伤亡事故因果连锁系统总流程图

图 2-2 中各节点及流程的基本含义如下：

（1）社会环境。主要指来自社会各方面的能够对企业的正常生产秩序产生干扰或影响的各种因素，主要表现为各种突发性事件。例如在停电检修工作中突然因某种原因而必须提前恢复送电，以及在线路施工作业中发生的各种社会纠纷等。

（2）管理缺陷。指能导致人的不安全行为和物的不安全状态的管理因素。

（3）人的不安全行为。指作业现场各类人员能导致人身伤害事故的作为或不作为。

（4）物的不安全状态。指能导致人身伤害事故的设备、施工机具、物料及作业环境中存在的不安全因素。

（5）意外释放。指能量或有害物质的意外释放。应注意的是，能量的意外释放既包括实物所具有的能量，也包括人体所具有的能量，例如在坠落、摔跌、碰撞事故中，人体势能和动能的意外释放等。

（6）人体接触。指人体与有害物质或能量的接触。如果这种接触不存在，即使有能量和有害物质的意外释放，也不会造成人员伤害事故。

（7）伤害事故。如果前面各节点均被攻破，则不可避免地会产生本节点所包括的各种人身伤亡事故。

5. 抓住引发事故的要害因素"违"与"误"

依据企业生产活动的时空特征，可将其分为重复性事件和随机性事件两大部分。重复性事件的行为规范可以形成统一的标准，即国家标准、行业标准和企业标准（含规程制度）；而随机性事件的行为规范则无法形成统一的标准，只有通过制订针对性的措施，才能达到规范行为的目的。因此，"标准"与"措施"实际上就是企业安全生产行为规范的代名词。如果拒不执行这些事先订立的"标准"或"措施"，那就是"违"；如果在执行的过程中，由于执行者的思想、知识、生理、心理和精神状态因某种不良因素的干扰而出现非故意性的差错，或者"标准"与"措施"本身也存在某些不够完善甚至错误的地方，那就是"误"。

"违"与"误"的共性是它们都偏离了事物发展所应遵循的正确轨道即客观规律。而两者的个性则在于，"违"的偏离有明确的对象（事先订立的"标准"或"措施"），因而带有明显的故意性和习惯性，是一个思想认识和工作态度问题；而"误"的偏离则是一种不自觉的行为，即当事人的所作所为只是凭直觉或经验办事，并没有明确的依据，因而带有较大的盲目性和随机性，是一个知识水平和工作能力问题。

实践证明，"违"与"误"是人身事故的基本属性之一，是引发事故的最直接、最关键的因素，在本书所列的事故案例中，无一不是由"违"或"误"造成的。因此，企业的反事故斗争必须紧紧抓住反"违"与治"误"这个要害因素。

"违"与"误"的关系是辩证统一的关系，即违中有误，误中有违，误是根本，违是关键，互为因果，密不可分。只提反违章，不提反误，实际上带有较大的片面性。这是因为，如果从本质上看问题，违实际上也是一种误的表现，而所谓的"章"也存有误的可能性。因此，反违不反误，病根未抓住；反误不反违，难以有作为。只有将"违"与"误"结合起来，才能正确全面地解释事故成因规律。

6. 正确理解"事故 = 必然因素 + 偶然因素"的含义

事故是一个概率事件。事故概率的大小取决于事物的必然性和偶然性两个方面。因此，可以说事故是存在于相应事物之中的某种必然因素和偶然因素综合作用的结果。

必然因素指的是事故发生前就已经存在于作业现场的不安全行为和不安全状态。这种因素虽然是事故发生的必要条件，但在通常情况下只表现为一种危险，而不一定立即演变为事故，人们常说的习惯性违章就是这样一种危险。而偶然因素则是指尚未被当事者认识的能够在某种特定条件下导致事故发生的因素。由于人们认知能力的局限性，这种偶然因素实际上是一种无法完全避免的因素。因此，要想使上述公式中的事故不成立，就必须彻底清除可能导致事故发生的"必然因素"（某种特定条件）。这是上述公式中所蕴含的具有深刻哲理的真正含义。正确理解这一含义，对于牢固树立安全风险防范意识，努力实现生产要素的本质安全化，具有十分重要的现实意义。

综上所述，可以将人身事故的防止对策归纳为四句话，即：加强管理是根本，防止违章是关键，必然偶然须认清，理念正确方安全。

第三章 起重伤害事故类型、形成机理及防止对策

一、起重伤害事故基本类型

起重作业是一种群体配合型的作业项目，组织指挥正确与否是关系其能否安全、顺利进行的决定因素。在电力生产，起重工作主要有杆塔、构架的组立，以及各类设备的安装等。根据事故分类原则并结合电力生产的实际，按照导致事故发生的主要原因，可以将起重伤害事故分为以下 5 种类型：

（1）组织指挥失误。指由于起重作业的程序、方法、措施、组织方案存在缺陷或无措施施工所导致的人身伤害事故。

（2）施工机具缺陷。指由于起重动力设备及其配套设施存在缺陷或问题所导致的人身伤害事故。

（3）受力点缺陷。指在起重作业中，由于各受力点的位置及其牢固性存在缺陷或问题所导致的人身伤害事故。例如：吊点的位置不对，抱杆的锚固措施不可靠等。

（4）操作失误。指由于起重机具和设备（吊车、绞磨、卷扬机等）操作人员的失误所导致的人身伤害事故。

（5）其他。指由于其他原因导致的起重伤害事故。

二、起重伤害事故的基本特点和形成机理

1. 起重伤害事故基本特点

（1）危险性。根据事故统计资料及管理的实践经验分析，起重伤害事故出现的频率虽然不算太高，但其危害后果却往往比较严重。因此，在电力生产的事故成因中具有比较重要的地位和作用。

（2）倾向性。起重伤害事故主要发生在现场负责人素质水平相对偏低、现场管理比较混乱的施工作业现场。

（3）违误性。起重伤害事故的违误性主要表现在，几乎所有的事故都与现场人员，尤其是组织指挥和操作人员的失误有关，例如：施工方案不正确、施工机具缺陷、受力点布置不当、违规操作等。

（4）可控性。由于起重作业的安全主要取决于施工方案和组织指挥的正确性，因而具有较高的可控性。实践证明，只要现场负责人具备相应的知识和组织指挥能力，出事故的概率就非常低。

2. 起重伤害事故形成机理

依据能量意外释放理论及上述分析，高处坠落事故的形成机理如图 3-1 所示。

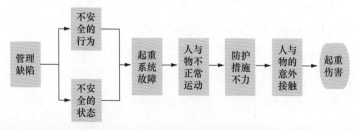

图 3-1　起重伤害事故成因模型

图 3-1 中各节点及流程的含义如下：

（1）管理缺陷、不安全行为及不安全状态。管理缺陷、不安全行为和不安全状态在事故成因中的地位与作用如前所述。不安全行为及不安全状态，在这里主要是指能够引起重系统故障的不安全因素。例如：施工程序及方法有问题，组织失误，违章操作，使用不合格起重工具等。

（2）起重系统故障。起重系统指的是由人、起重物和动力牵引系统所组成的作业系统。起重系统故障则是指该系统中的某一要素与系统的正常运转不和谐，并有可能造成人与物的不正常运动。例如：起重物绑扎固定不牢靠，吊点位置不正确等。

（3）人与物的不正常运动。人与物的不正常运动是指人的行为或物的运动轨迹不符合作业规范要求或偏离了正常轨道。例如：起重物意外坠落，起重物受力失衡；人从某一高处坠落等。

（4）防护措施不力。当出现人与物的意外接触时，如果未采取防护措施或防护措施不完备、不适当，例如两穿一戴不符合要求，人员站立的位置不安全等，就不可避免地要受到起重伤害。

（5）人与物的意外接触。处于不正常运动状态的物体，如与人体相接触，或者运动中的人体与物体、地面相接触，便会引起动能对人体的释放。

（6）起重伤害。起重人身伤害主要有两种表现形式，一个是物体打击，另一个是高处坠落。

三、起重伤害事故防止对策

通过上述分析可以知道，防止起重伤害事故的关键是防止起重系统故障的出现。要做到这一点，应认真落实以下四项基本措施：

（1）保证起重物及其安装位置的稳固性。在起重作业开始前，必须认真检查起重物受力点及绑扎措施，以及其安装位置是否稳固、牢靠，如发现问题，应严格按规定进行妥善处理。

（2）保证动力牵引系统的可靠性。动力牵引系统指的是将起重物运送至预定位置的物质系统，包括起重机具、绳索、工器具及其安全装置和附属设施等。起重作业前必须认真检查该系统中的所有物件是否合格、齐全，布置是否得当，安置是否稳固可靠，是否满足安全施工要求。

（3）保证起重物与动力牵引系统之间的适应性。施工作业前必须结合现场实际制订正确完备的起重搬运方案和安全措施，并对全体施工人员进行详细、全面的安全技术交底。方案和安全措施应能保证在最大起重负荷的情况下，动力牵引系统具有足够的安全系数，严防出现过载现象。在进行起重作业的过程中，应由有经验的人统一指挥，并做到指挥信号简明、统一、畅通，人员分工明确、具体、正确、合理。

（4）做好个人安全防护措施，防止意外伤害。在保证上述三项基本条件符合施工安全要求的前提下，还应做好个人安全防护措施，其基本要求是：①"两穿一戴"整齐规范；②现场人员站立位置要符合规程及现场安全要求。

第二部分

起重伤害事故典型案例警示

一、组织指挥失误

1. 河北 940611 某电厂龙门吊组立，不执行施工方案，无人统一指挥，违章撤除吊钩和拉绳，龙门吊倒塌，4 人死亡

噫，怎么响哩！

【事故经过】

1994 年 6 月 11 ~ 13 日，河北省某电厂按计划在锅炉工地组立一台 50t／32m 的龙门吊。该吊车大车为东西向行走，桥架长 38.4m，宽 2m，高 3m，重 82t，为南北布置；两腿高 16.8m，北侧是刚性腿，重 34t；南侧是柔性腿，重 22t。

6 月 11 日将两腿分别立起，并用 10 根拖拉绳（各配一个倒链）稳住。6 月 12 日上午 10 时许，用 150t 履带吊将桥架安装就位，随即派两名焊工上去进行桥架与支腿的焊接工作。下

午 4 时许，锅炉工地副主任估计已经焊好了 40%～50%，就下令摘掉了 150t 履带吊的大钩，然后由两名焊工继续施焊。

6 月 13 日 8 时左右，汽轮机工地起重班长找锅炉工地借 4 根拖拉绳，经过公司经理助理协调，锅炉工地起重技术员不太情愿地同意了。当汽轮机起重班长询问拆多少根时，公司经理助理让其把 10 根全拆掉，并交代其用完后如数还给锅炉工地。

8 时 30 分左右，汽轮机起重班长安排一位工人师傅带领 3 名工人到达现场后，没有与正在桥架上焊接的人联系，就开始解绳。在相继拆下柔性腿的 4 根、刚性腿南侧及东南方向的 2 根后，车身没有明显变化；但在接着拆西南方向的拖拉绳时，刚刚松动倒链车身便发出嘎嘎的响声，顷刻之间向北倾倒在地，桥架上两位焊工和两位解绳子的工人坠地死亡。

【事故原因】

（1）直接原因。

1）不安全行为。

a. 违反施工安全措施的规定，在没有确认桥架焊接牢固的情况下，就提前摘除了桥架吊钩。

b. 在桥架焊接尚未结束，其稳固性不好的情况下，擅自决定拆掉全部拖拉绳，并且在拆的过程中不注意方式方法。

2）不安全状态。

a. 施工方案规定刚性腿除南北两侧各两根拖拉绳外，北侧还应增加两根 ϕ136mm 钢管硬支撑，施工时因为找不到准备的钢管，未经审批就自行将其改变为用拖拉绳的办法。

b. 在桥架稳固措施存有隐患的情况下，未等桥架焊接牢固，即提前摘除 150t 履带吊的吊钩，接着又决定把拖拉绳全部撤掉，并在撤除拖拉绳的过程中造成龙门吊桥架倒塌。

（2）间接原因（管理缺陷）。

1）造成这起惨案的根本原因是现场领导人员安全意识淡薄，重视进度，忽视安全，盲目指挥，为了赶进度，接二连三地违反施工方案和安全规定，不仅未按要求落实龙门吊刚性腿稳固措施，反而在桥架未焊接牢固的情况下，摘除其吊钩及两条腿的拖拉绳。

2）施工现场及过程管理混乱，安全职责不清，没有人统一指挥，副主任、经理助理均可随便当家，尤其是对于撤除拖拉绳这种安全责任重大的作业项目，仅安排几个没有力学知识的人去干，既不交代安全注意事项，也不到现场监护指导。

3）桥架焊接人员缺乏相应的安全生产知识和自我保护意识，未能阻止或避让撤绳人员的不安全行为。

【事故中的"违"与"误"】

（1）"违"的主要表现。

上述不安全行为、不安全状态和管理缺陷违反了DL5009.1—2002《电力建设安全工作规程第1部分：火力发电厂》中起重工作，以及本次作业施工方案的相关规定。

（2）"误"的主要表现。

拖拉绳撤除人员及电焊人员缺乏相应的安全生产知识和自我保护能力，不能识别工作中的危险点，也不知如何采取控制措施，盲目、被动地执行相关领导的错误决定。

2. 湖北 790110 某 110kV 线路立杆，组立方案不当，抱杆过载损坏，违章穿越铁塔，压断大腿

【事故经过】

1979 年 1 月 9 日，在湖北省某 110kV 线路 46 号铁塔的组立工作中，由于距 10kV 铁路自动闭塞线路和低压信号线较近，按原方案无法起立，于是工作负责人与工区主任商量在第二天改变人字抱杆的位置，并另加一组单抱杆，作为人字抱杆脱帽后继续起吊用。

1979 年 1 月 10 日上午 10 时左右，当按新方案将铁塔整体起立至塔头距地面 4m 时，工作负责人命令绞磨停止牵引，准备组装铁塔下方的横担。位于铁塔左侧的学员王××听到哨声后，即从塔下穿越，准备回到其负责看护的铁塔右侧风绳

的桩锚处。不料人字抱杆右杆突然在距抱杆顶 0.6m 处弯曲变形，铁塔随之下落，将王××压在距塔脚 17m 处的塔下，造成其右小腿胫骨两处、腓骨一处骨折。

【事故原因】

（1）直接原因。

1）不安全行为。

a. 工作负责人未检查确认各岗位人员是否到位，即开始起立电杆；杆塔起立离地后，未对各受力点进行全面检查。

b. 在立杆的过程中，学员王××违章从塔下穿越。

2）不安全状态。

立杆用人字抱杆是用钢筋焊接而成，未经试验合格，在原方案条件下立杆时虽未出问题，但安全系数偏低，当地形限制而采用新方案时，抱杆开档须扩大，导致其承载能力降低，荷载加大而损坏，并造成起吊中的铁塔坠地。

（2）间接原因（管理缺陷）。

1）施工单位对施工机具的试验不重视，施工负责人文化水平不高，缺乏相应的专业技术知识，对抱杆的受力状况心中无数，经验主义严重。

2）现场安全管理不严格，未严格按照《安规》规定的立杆程序办事，未制订全面的施工"三措"计划，对新学员的安全教育不到位，施工人员的安全思想不牢。

【事故中的"违"与"误"】

（1）"违"的主要表现。

上述不安全行为、不安全状态和管理缺陷违反了《安规》中立杆工作的有关规定。

（2）"误"的主要表现。

施工负责人文化水平不高，缺乏相应的专业技术知识，对抱杆的受力状况心中无数，有经验主义的倾向。

3. 陕西 041018 某自然村电网改造，现场管理混乱，无证吊车司机违规操作，电杆倒断，砸死民工

【事故经过】

2004 年 10 月 18 日上午 8 时，在陕西省某自然村的电网改造工作中，供电所所长张 ×× 联系某公司派一辆吊车，但未对司机的执业资格进行审查。

9 时左右，在立第一根电杆时，所长发现司机操作不规范，便叮咛说："干慢点，注意安全。"12 时 10 分，在拔一根 7m 混凝土方杆时，由于吊点绑得低，村民李 ×× （男,18 岁）便用铁锹将钢丝绳套往上顶至距地面约 2.55m 处。当李 ×× 刚离开电杆约 2m 时，未经现场指挥指示，吊车司机便猛力提升电杆，致使电杆从吊点处折断并砸中李 ×× 的头部，经抢

救无效死亡。

【事故原因】

（1）直接原因。

1）不安全行为。

未经现场指挥指示，吊车司机便猛力提升电杆。

2）不安全状态。

拔 7m 混凝土方杆时，由于无证吊车司机操作不当造成断杆并砸中民工头部。

（2）间接原因（管理缺陷）。

供电所所长在联系吊车时，未对司机的执业资格进行审查，也未进行相应的安全技术交底，现场安全管理比较混乱。

【事故中的"违"与"误"】

（1）"违"的主要表现。

上述不安全行为、不安全状态和管理缺陷违反了《安规》中起重工作，以及《国家电网公司安全生产工作规定》中临时工管理的有关规定。

（2）"误"的主要表现。

吊车司机不具备相应的资质条件和安全知识，操作不当。

4. 江西 090430 某电建公司在起吊刚性梁组合件的过程中，因施工方案错误，导致刚性梁组合件坠落，造成 4 人死亡，1 人重伤，2 人轻伤

【事故经过】

某电厂一期（2×350MW）工程，位于海南省东方市。江西省某公司承接了 #2 机组的主体安装工程，并成立了项目部。至 4 月底，炉膛上部垂直段水冷壁和中部螺旋段水冷壁吊装完成，后烟井包墙过热器除右包墙外吊装完毕。

2009 年 4 月 26 日，项目部技术科长向分包单位腾飞公司交付了《散件刚性梁安装作业指导书》，并做了技术交底。4 月 30 日，根据项目部安排，腾飞公司进行前水中部刚性梁吊装工作。

14 时以后，腾飞公司工地副队长及技术员向施工点负责人及其他 7 名施工人员交代了相关要求。用吊车进行的吊装工作从 16 时左右开始，17 时左右将刚性梁组合件（长 15.2m、高 8.5m、重 18.4t）吊到就位高度，然后就用 5 个 5t、2 个 3t 的链条葫芦进行接钩工作，即用钢丝绳把 7 个链条葫芦分别挂在上部刚性梁上，下端通过钢丝绳挂起刚性梁组合件。做好接钩工作后，通知吊车松钩，刚性梁组合件转由 7 个链条葫芦吊着，准备进行调整就位作业。吊车在钢丝绳解钩后，转移到其他作业现场。

在接钩和就位过程中，站在上部刚性梁上拉葫芦的 7 名作业人员中，有 2 人将安全带挂在上部水冷壁葫芦链条上，5 人将安全带挂在起吊刚性梁的链条葫芦上。

19 时 35 分左右，当刚性梁组合件调整到即将就位穿螺栓时，刚性梁左侧第一个 5t 链条葫芦的上部钩子突然断裂，其余 6 个吊点的链条葫芦也相继断裂，导致刚性梁组件向下坠落，组件左侧先着地，垂直插入 0m 地面。站在刚性梁上的 7 名作业人员中，将安全带挂在链条葫芦上的 5 人随着吊件一起下坠，1 人落至 0m，2 人落在刚性梁上面校平装置梁上，1 人落在炉前 12.6m 层钢架梁上，1 人落在 12.6m 层前侧的安全网上；而将安全带挂在上部水冷壁葫芦链条上的 2 人则被安全带悬吊在空中，造成 4 人死亡，1 人重伤，2 人轻伤。

【事故原因】

（1）直接原因。

1）不安全行为。

a. 现场人员违反安规规定将安全带挂在起吊刚性梁组合件

的链条葫芦上。

b. 现场施工人员使用 5 个 5t、2 个 3t 的链条葫芦起吊 18.4t 的刚性梁组合件，方法错误，违反电力建设安全工作规程的相关规定。

2）不安全状态。

a. 现场人员将安全带挂在不牢靠的链条葫芦上，葫芦一断裂，人就随吊件一起坠落，安全带没有起到保护作用。

b. 7 个链条葫芦的允许起重量的总和虽然超过吊件重量，但每个链条葫芦的允许起重量均远远小于吊件重量。链条葫芦由作业人员手工操作，在实际操作中无法准确控制每个链条葫芦的均衡受力，在不平衡状态下，受力大的链条葫芦先破坏，继而产生连锁反应，其他链条葫芦相继断裂。

（2）间接原因（管理缺陷）。

1）施工单位缺乏相应的工作经验和素质，现场作业方案明显违背专业技术原理和安全工作规程的规定，现场管理混乱，习惯性违章现象比较严重。

2）江西某公司项目部和 ×× 监理公司对分包单位施工技术方案审查不严格，未及时发现并纠正施工方案中存在的严重问题，技术交底及现场监督管理不到位。

【事故中的"违"与"误"】

（1）"违"的主要表现。

1）违反了《电力建设安全工作规程（火电厂部分）》（DL5009.1—2002）规定：两台及两台以上链条葫芦起吊同一重物时，重物的重量应不大于每台链条葫芦的允许起重量。

2）违反了《电力建设安全工作规程（火电厂部分）》

（DL5009.1—2002）规定：高处作业人员必须系好安全带，安全带应挂在上方的牢固可靠处。

（2）"误"的主要表现。

1）施工单位缺乏相应的工作经验和素质，不熟悉安规中与现场作业相关的安全规定，现场作业方案明显违背专业技术原理和安全工作规程的规定。

2）江西某公司项目部和××监理公司对分包单位施工技术方案审查不严格，未及时发现并纠正施工方案中存在的严重问题。

5. 河北 070520 在某 500kV 变电站工程项目中，进行电流互感器卸车时，因工作负责人组织指挥失误，导致吊件倾倒，工作负责人被砸身亡

【事故经过】

在某 500kV 变电站工程项目中，电气安装单位将设备的卸车以及站内二次搬运工作分包给某电力建设有限责任公司。

2007 年 5 月 20 日早上，厂家将 35kV 电流互感器运至现场，吊件（35kV 电流互感器）重约 0.6t，外包装尺寸：长 1.04m × 宽 0.8m × 高 2.2m，共 15 件，装在"东风"半挂车上，车厢底板距地面 1.2m。电力建设有限责任公司组织了 9 名人员，使用 25t 的汽车吊进行卸车。

7 时 30 分，电气安装单位项目副经理陈 × 在现场交待了

当天的工作任务，接着由工作负责人曹××宣读了安全施工作业票，随即开始工作。

10时左右，当开始卸第12件电流互感器时，作业人员将两条钢丝绳套分别套在设备外包装箱下端后，工作负责人曹××指挥起吊，当电流互感器包装箱体离开车厢底面约10cm时，吊件箱体发生倾斜。

曹××在发现吊件倾斜后，一方面指挥将吊件往下放，一方面从指挥位置跑向吊件，监护人制止不力，以致吊件突然倾倒时，曹××躲闪不及，被吊件砸倒在地。现场人员立即将曹××送往医院进行抢救，14时左右抢救无效死亡。

【事故原因】

（1）直接原因。

1）不安全行为。

a. 起吊前作业人员未对电流互感器外包装进行细致检查，未能发现包装箱存在的缺陷，以致带着事故隐患起吊。

b. 曹××在发现吊件倾斜后，从指挥位置跑向吊件（进入危险区域），监护人制止不力，以致曹××在吊件倾倒时躲闪不及，被吊件砸倒。

2）不安全状态。

吊件外包装箱为菱镁土板材，由于其存在的安全隐患未被发现，以致在起吊过程中其底板的一个边角断裂，造成吊件倾倒，并将处于不正确位置的指挥人员砸倒。

（2）间接原因（管理缺陷）。

1）电气安装单位对工程项目分包管理重视不够，没有对分包作业实行有效的安全监控。

2）面对大量施工任务，电气安装单位将主要精力集中在规模大、危险性高的大现场，对于电气安装前期准备等小现场作业的危险性认识不足，重视不够，检查指导较少。

3）分包单位安全教育培训不够，作业人员安全意识淡薄，自保互保意识差，危险点分析不深入，控制措施不明确。

4）工作负责人缺乏相应的工作经验和风险防范意识，在起吊前未检查确认吊件的完好性，在出现问题时采取了错误的行为方式。

【事故中的"违"与"误"】

（1）"违"的主要表现。

违反了《电力建设安全工作规程（变电所部分）》关于起重工作的有关规定。

（2）"误"的主要表现。

工作负责人缺乏相应的工作经验和风险防范意识，在起吊前未检查确认吊件的完好性，在出现问题时采取了错误的行为方式。

6. 江西 090619 在某火电项目进行省煤器和低过管排吊装作业时，因现场更改施工方案，指挥人员与吊车司机配合不一致，导致排管脱落倾倒，造成一人重伤，一人轻伤

【事故经过】

2009 年 6 月 19 日，在某电厂建设项目施工现场，××建设公司热机工程公司对已组合的 4# 炉省煤器和低过管排进行吊装作业。管排由 4 片分上下两组组合而成，每片重约 2t，总重约 8.8t，起吊前每组管排均用三道 #8 铁丝绑扎在省煤器悬吊管上。

事先制定的吊装方法是：先用 100t 塔吊、2 台 50t 汽车吊抬起管排，起吊至一定高度后，汽车吊慢慢松钩，吊件由水平变成垂直后，再由 100t 塔吊继续将吊件起吊至炉架安装高度

进行安装。

下午到工地后，起重指挥徐××、司索工胡××开始作业，并指挥吊车起吊，14时50分左右，由于汽车吊松钩速度过快，造成悬吊管下部冲击地面，导致绑扎省煤器管排的铁丝崩断，管排从定位卡中脱出，省煤器管排向两侧倾倒，造成1人重伤、1人轻伤。

【事故原因】

（1）直接原因。

1）不安全行为。

a. 司机与指挥人员的配合不一致，在起吊高度还未到位的情况下，汽车吊便松钩，且松钩的速度过快。

b. 现场未严格执行原定施工方案。

2）不安全状态。

由于起吊高度不到位，加之汽车吊松钩速度过快，造成悬吊管下部冲击地面，导致绑扎省煤器管排的铁丝崩断，省煤器管排从定位卡中脱出，向两侧倾倒并砸伤站位不当的人员，造成1人重伤、1人轻伤。

（2）间接原因（管理缺陷）

1）2009年5月14日至15日开展了对大型起重机械安全的专项检查，但在检查过程中对各个起重作业环节危险因素的辨识不细致，特别是小件的吊装起重作业可能出现的危险因素未引起高度重视。

2）热机工程公司在起重作业的技术管理上存在监管不到位，技术人员对现场更改施工方案的行为未及时发现和制止。

3）项目部安监人员现场监管不到位，未及时发现司机与指挥人员的配合不一致，以及指挥和司机两人的站位存在隐患。

4）项目部安全管理存在漏洞，不能严格执行安全管理制度和有关规定，对现场危险源辨识不充分，安全措施不严、不细。

【事故中的"违"与"误"】

（1）"违"的主要表现。

1）违反了《电力建设安全工作规程（火电厂部分）》关于起重工作的有关规定。

2）违反了施工方案规定的操作方法与步骤。

（2）"误"的主要表现。

现场组织指挥不得力，司机与指挥人员的配合不一致。

7. 陕西 090816 在印度黑萨电厂项目水平烟道吊装施工中，因违反施工技术方案，现场管理混乱，导致钢烟道上、下平面片钢板崩塌，造成 6 人死亡、2 人受伤

【事故经过】

黑萨电厂工程由印度哈里亚纳发电有限公司（HPGCL）投资建设，印度瑞来斯公司是工程总承包商，陕西 ×× 电力建设集团公司为黑萨电厂双钢内筒烟囱（高 275m）土建、安装的施工总承包商。根据印度瑞来斯公司要求，×× 电力建设集团公司将水平烟道的加工制作和安装施工分包给印度舒阿比公司，合同中明确其承担分包工程的全部安全、质量责任。四川华夏军安公司为 ×× 电力建设集团公司烟囱钢内筒安装施工专业分包商。

2009 年 8 月 12 日上午，舒阿比公司开始进行 48 号钢烟

道的侧面单片钢板吊装，8月14日上午吊装完毕，并与烟道临时用角钢定位连接。8月14日下午开始在烟囱内部组装钢烟道上、下平面钢板（单片重3.6t）。8月15日上午，上、下平面钢板开始吊装到烟道口位置，因尺寸误差未能固定。

8月16日上午，钢烟道上、下平面钢板就位完毕，钢烟道下平面钢板经调整并与侧平面局部焊接，但发现位置比设计位置偏低，需调整上平面钢板位置。按照作业指导书要求，应使用倒链细调到位，但是印方现场指挥人员（印度人，已死亡）违反施工技术方案，指挥卷扬机操作员（印方人员）通过卷扬机提升调整钢烟道平面钢板位置，由于卷扬机制动装置失灵，致使卷扬机钢丝绳承受的负荷大大超过额定负荷。中午13时10分左右（印度时间10时40分），卷扬机钢丝绳被拉断，钢烟道上、下平面钢板全部崩塌（突然坠落），造成6人死亡（其中2名中方人员），2人轻伤。

【事故原因】

（1）直接原因。

1）不安全行为。

a. 舒阿比公司施工人员违反《烟道安装作业指导书》中关于就位调整的方法要求，使用卷扬机提升调整钢烟道平面钢板位置。

b. 现场施工人员直接站在未安装完毕和固定牢固的钢烟道上、下平面片上施工，且未将安全带挂在上方牢固可靠处。

c. 工作前对施工机具检查不到位，以致在施工中使用不合格的施工机具（卷扬机）。

2）不安全状态。

由于在施工中使用不合格的施工机具（卷扬机过负荷保护装置失灵），导致在通过卷扬机提升上平面钢板进行位置调整时，卷扬机虽严重过负荷却不能制动，最终造成牵引钢丝绳被拉断，钢烟道上、下平面钢板全部崩塌。

（2）间接原因（管理缺陷）。

1）舒阿比公司对卷扬机检查维护管理不到位。

2）舒阿比公司和华夏军安公司对施工人员的安全教育和培训不到位，施工人员安全意识淡薄，缺乏相应的专业技术知识，尤其是卷扬机操作人员对卷扬机的健康状况不了解，对卷扬机的过负荷情况不及时发现和处理。

3）现场组织指挥失误，指挥人员擅自改变施工技术方案，并且在方案改变后未采取相应的组织技术措施，未检查施工机具是否合格，未明确具体的操作步骤的方法并进行相应的技术交底，以致最终铸成大错。

4）现场安全监督管理不到位，违章作业的现场比较严重。

【事故中的"违"与"误"】

（1）"违"的主要表现。

1）施工人员违反该项目"烟道安装作业指导书"安全文明施工管理中的第 7 款要求，未将安全带挂在上方牢固可靠处。

2）现场指挥人员违反施工技术方案，指挥卷扬机操作员通过卷扬机提升调整钢烟道平面钢板位置，致使卷扬机钢丝绳因严重过载而被拉断。

（2）"误"的主要表现。

现场人员缺乏相应的安全意识和专业技术知识，对于使用卷扬机提升调整钢烟道平面钢板的风险估计不足，未进行必要的危险点分析与控制，而是盲目冒险蛮干，以致施工作业现场存在较多的问题和薄弱环节，并最终导致事故的发生。

8. 河北 970221 在某电厂 500kV 升压站用吊车组立门型架构的工作中，因施工技术措施存在安全隐患，现场布置及指挥不合理，导致横梁侧翻并带倒人字柱，柱上作业人员坠落身亡

【事故经过】

1997 年 2 月 21 日，×× 送变电公司电安处在某电厂 500kV 升压站用吊车组立 500kV 门型架构。当天的任务是用 50t 汽车吊，往事先已经立好的两根立柱上吊装横梁。横梁为钢质结构，长 30m、重 6.2t。两柱高 28.5m，东西档距 30m，西柱为三角形，东柱为人字形（两腿南北分开），立好后均各用拖拉绳作了临时固定。固定人字柱的两根拖拉绳上端绑在立柱标高 26m 处，西侧的一根下端绑在西边三角柱的根部，东侧的一根下端绑在东侧空地距离 34m 处的地锚上（地锚为两

根 $\phi60mm$ 的铁橛子交叉打入地下约 0.7m 深）。

吊车定位在两立柱之间北侧 6.5m 处。钢丝绳与横梁的绑扎方式是先用两根 $\phi19.5mm$ 的钢丝绳套交叉四点挂住横梁，在两绳套中部各套一个 5t 单轮滑车，然后再用一根 $\phi24mm \times 1.5m$ 的主吊套，中间挂在吊车钩上，两端则分别挂住 $\phi19.5mm$ 绳套单轮滑车的吊钩。

开始时先将横梁吊起 1.5m 高，经检查无问题后继续吊起升到 28.5m 高度，并派人上到两立柱顶上准备接应吊过来的横梁。现场负责人指挥吊车向西转臂并放松横梁两端的控制小绳使横梁逐渐接近三角柱，横梁西端距三角柱横向还差约 1m 够不着，但高度已经超出柱顶 1.2m 左右了。指挥者指挥一边降高度，一边调整两端小绳来使横梁就位。由于上述操作等外力因素影响，使吊绳上的滑车产生滑动，横梁失去了平衡，一端上翘，另一端下沉，迅速发生侧翻，下沉的一端砸在人字柱的西拖拉绳上，巨大的力量将东拉绳地锚铁橛子拔出，人字柱被拽向西倒下。柱上的一名工人随立柱倒下，安全带挂钩被拉直，坠地后死亡。

【事故原因】

（1）直接原因。

1）不安全行为。

a. 现场指挥人员在现场的站位不好，不能总观全局，对吊起后出现的异常情况（在就位过程中，横梁一端搭在人字柱顶面上），未查明原因就盲目指挥继续起吊，由于指挥及操作不当，使吊绳上的滑车产生滑动，导致横梁失去平衡，并迅速发生侧翻。

b. 柱上作业人员无人监护，在出现危险情况时未及时采取撤离措施。

2）不安全状态。

a. 现场采用的施工方案存在重大隐患，即主吊点钩子通过两个单滑轮来起吊横梁，由于滑轮处于自由状态，受力稍有偏差就会导致横梁失去平衡，并发生侧翻。

b. 吊车定位点距轴线太近，当横梁起吊到安装高度后，吊臂的仰角已经到了最大限度（极限为80°，实际已到79.3°），不能再起臂了，结果使横梁偏离了轴线，而又不便于调整，两端的控制绳几乎起不了作用，造成"斜拉歪吊"，并导致滑轮的受力出现偏差。

（2）间接原因（管理缺陷）。

1）工程技术人员在编写、审核和批准施工技术措施中考虑不周，对施工作业现场的实际情况不够了解，在确定起吊方案时，只考虑到滑车便于调整横梁水平的因素，而忽略了该方案可能造成"吊点滑动"的重大事故隐患。

2）现场指挥人员经验不足，没有看出吊绳可能滑动的危险性，吊车选位及自己在现场的站位不正确，不能总观全局，不能及时发现存在的问题和薄弱环节，并导致组织指挥失误。

3）施工单位领导及相关管理人员对施工作业现场的安全监督管理及技术指导不到位，不能及时发现和消除施工作业现场存的问题和薄弱环节。

【事故中的"违"与"误"】

（1）"违"的主要表现。

违反了《电力建设安全工作规程（变电所部分）》中关于

起重机指挥人员的职责和要求的相关规定。

（2）"误"的主要表现。

1）工程技术人员在编写、审核和批准施工技术措施中考虑不周，对施工作业现场的实际情况不够了解，导致方案中存在可造成"吊点滑动"的重大事故隐患。

2）现场指挥人员经验不足，没有看出吊绳可能滑动的危险因素，吊车点位及自己在现场的站位选择不正确，不能及时发现存在的问题和薄弱环节，并导致组织指挥失误。

9. 重庆 060411 某低压配电线路立杆，用木梯代替起重工具，配合不当，造成倒杆、人身死亡事故

【事故经过】

2006 年 4 月 11 日，重庆市某供电营业所在不具备 10m 电杆组立条件的情况下，安排营业所员工吴 × ×、宗 × × 和 10 名民工采用木梯等简易工具立杆，因用力不均，电杆向左偏移倒下，击中吴 × × 头部，经抢救无效死亡。

【事故原因】

（1）直接原因。

1）不安全行为。

a. 供电营业所用木梯代替起重工具进行立杆作业。

b. 施工人员在立杆的过程中组织指挥失误，配合不当，用

力不均。

c.立杆人员不具备相应的素质条件，盲目冒险蛮干。

2）不安全状态。

用登高工具木梯代替起重工具进行立杆作业，不仅不能保证工具的适用性和足够的安全系数，而且也不便于操作，不可避免地存在严重的事故隐患。

（2）间接原因（管理缺陷）。

1）所在单位对职工的安全教育和专业技术培训不到位，对供电营业所监督管理不严，相关的规章制度不健全，以至于供电营业所安全意识淡薄，组织纪律性差，敢于在不具备电杆组立条件的情况下冒险违章作业。

2）现场指挥及施工人员不具备立杆作业的素质条件，指挥人员缺乏立杆作业的工作经验，施工人员操作技能差，导致施工作业现场可控性差，存在较多的问题和薄弱环节。

【事故中的"违"与"误"】

（1）"违"的主要表现。

1）违反了《电力安全工作规程（电力线路部分）》第6.5.2条的规定："立撤杆塔要使用合格的起重设备，严禁过载使用。"

2）违反了《电力安全工作规程（电力线路部分）》第6.5.5条的规定："顶杆及叉杆只能用于竖立8m及以下的拔梢杆，不得用铁锹、桩桩等代用。"

3）违反了国家电网公司和本单位关于施工资质管理的相关规定。

（2）"误"的主要表现。

供电营业所不懂装懂，违章从事力所不能及的立杆作业。

10. 安徽 010531 某电力局用吊车起吊砼杆时，因措施不到位，钢丝绳脱钩，一民工被砸致死

【事故经过】

2001 年 5 月 31 日，9 时 46 分，××电力局供电所配电班工作负责人伏××办理了配电网第一种工作票，工作任务是在某 10kV 线路提升一台配电变压器（200kVA）台架；在××分支立杆 6 基（道路拓宽改线立杆）。工作班成员共 16 人，分成两个工作班组，一个班 4 人负责升高配变台架，另一个班 12 人（技工 2 人、民工 10 人）由伏带领进行立杆工作。

11 时 30 分，在吊立第 4 基 15m 水泥杆的过程中，当吊车将杆子吊起至基本垂直位置，进行就位转向时，杆根碰在马路道牙上，导致钢丝绳套产生松动，其一端从吊钩中滑出（吊钩

无闭锁），杆子随即倒下，砸在工作班成员高××（女，29岁，民工，从事电力施工约2年多）的头部，致其安全帽被砸破，经送医院抢救无效，于12时15分死亡。

【事故原因】

（1）直接原因。

1）不安全行为。

a. 在立杆的过程中，有人站在1.2倍杆高的危险区域内。

b. 在电杆起吊位置还不够高时，即开始进行就位操作，导致电杆在移动的过程中根部碰在马路道牙上。

2）不安全状态。

a. 在吊车挂钩无闭锁装置的情况下，钢丝绳套在挂钩上的绑扎方法不牢靠。

b. 用钢丝绳套绑扎电杆时未采取有效防滑措施。

c. 在进行电杆就位的过程中，杆根碰在马路道牙上，引起钢丝绳套从吊钩中松脱，电杆因失去控制而倒下。

（2）间接原因（管理缺陷）。

1）未制定详细的施工安全措施，现场安全管理混乱，对民工管理松散，人员组织搭配不当，缺少有经验的人参加施工，管理人员无一人到现场。

2）电力局未认真学习、领会和贯彻落实省公司有关加强安全生产的规定，安全责任没有得到层层落实，安全管理工作没做到严、细、实，装置性违章和习惯性违章没有得到根本杜绝，安全教育针对性不强，现场作业人员自我保护意识差，危险点分析及预控工作走过场，领导联系班组制度流于形式。

【事故中的"违"与"误"】

（1）"违"的主要表现。

违反了《电业安全工作规程（电力线路部分）》第6.5.3条的规定："立、撤杆塔过程中基坑内严禁有人工作。除指挥人员及指定人员外，其他人员应离开杆塔高度1.2倍距离以外。"

（2）"误"的主要表现。

1）在吊车挂钩无闭锁装置的情况下，仍沿用习惯性绑扎方法，导致钢丝绳套在挂钩上的固定不牢靠。

2）工作作风不细，未检查确认电杆起吊高度是否合适，即开始进行就位操作，导致电杆在移动的过程中根部碰在马路道牙上。

11. 重庆970919某发电厂在更换炉水冷壁管排的工作中，未检查人员是否撤离便开始起吊，钢丝绳将某锅炉检修工右手带进转向滑轮，造成四指骨折，三节手指被截除

【事故经过】

1997年9月19日15时左右，重庆某发电厂锅炉车间负责更换大修的#21炉水冷壁管排，检修工张×在21#炉内左侧28m标高处打磨坡口并配合焊工对口点焊，完工后收拾工具出炉外坐在跳板上面对炉墙休息。

15时20分左右，施工负责人何×由28m下到10m层联系起重工起吊第二排管排。同起重工联系好后，何×见管排已用钢丝绳栓好，就返回28m层，并通知在场人员："准备开始起吊管排。"张×听见后，收拾好跳板上的工具，然后用右

手握住起吊管排的钢丝绳，以借助其走下跳板。不料，此时卷扬机突然启动，张×的右手连手套一起被钢丝绳带进转向滑轮，造成食指远端指骨骨折，中指、无名指及小指中间指骨被截除。

【事故原因】

（1）直接原因。

1）不安全行为。

a. 施工负责人与起重人员违反《安规》规定，未检查确认起吊物及起重设施周围人员已撤离，便开始起吊。

b. 检修工张×明知起吊工作即将开始，仍用手握住牵引钢丝绳，以借助其走下跳板。

2）不安全状态。

当张×用右手握住起吊管排的钢丝绳时，卷扬机突然启动，张×的右手连手套一起被钢丝绳带进转向滑轮，造成食指远端指骨骨折，中指、无名指及小指中间指骨被截除。

（2）间接原因（管理缺陷）。

1）施工组织、技术措施不完善，现场管理混乱，施工负责人缺乏严细实的工作作风和安全防范意识，在发布起吊指令前未检查确认起重工作区域内确无人员逗留或通过。

2）企业对职工的安全教育和专业技术培训不到位，导致现场作业人员安全意识淡薄，组织纪律性涣散，自我保护的能力不强，存在习惯性违章现象。

【事故中的"违"与"误"】

（1）"违"的主要表现。

违反了《电力建设安全工作规程（火电厂部分）》第10.1.8

条的规定:"起重工作区域内无关人员不得逗留或通过;起吊过程中严禁任何人员在起重机伸臂及吊物的下方逗留或通过。"

（2）"误"的主要表现。

检修工张 × 安全意识薄弱,自我保护意识差,撤离时,明知钢丝绳将起吊管排,仍用手握住钢丝绳,存有麻痹大意和侥幸心理。

12. 江苏061027 在某低压电网改造现场，因立杆方法不正确，违章作业，导致工作负责人被电杆刮倒，经抢救无效死亡

【事故经过】

2006 年 9 月 20 日，××供电公司将某农村低压电网改造工程发包给外单位邦伲公司。根据工作安排，邦伲公司工程队于 10 月 27 日上午到某配变附近立低压 8m 电杆。

10 月 27 日 8 时 40 分左右，工作负责人陆×× 持低压施工作业票，在现场开完班前会，交待完安全注意事项后即开始立杆工作。陆×× 负责指挥，并叫非工作班成员的拖拉机驾驶员顾×× 协助立杆，工作班成员马××、茅××、王×× 等三人分别负责两侧风绳及杆根。

10 时左右，在立最后一根电杆时，因地形限制，陆××

叫拖拉机驾驶员顾××用拖拉机直拖电杆牵引起立。在起立过程中，因杆根卡在马槽的边上不能起立，工作负责人陆××未通知拖拉机停止牵引即上前进行检查，没想到电杆在拖拉机牵引力的持续作用下突然弹起，将工作负责人陆××刮倒在地。其他人员立即用工程车将其送往人民医院抢救，终因抢救无效于当日下午死亡。

【事故原因】

（1）直接原因。

1）不安全行为。

a. 工作负责人陆××叫非工作班成员的拖拉机驾驶员顾××协助立杆。

b. 工作负责人陆××违章采取拖拉机直拖牵引的方法立杆。

c. 在立杆过程中，因杆根卡在马槽的边上不能起立，工作负责人陆××未通知拖拉机停止牵引即上前进行检查，并且在检查的过程中站位不正确。

2）不安全状态。

在起立过程中，当杆根卡在马槽的边上不能起立时，工作负责人陆××未通知停止牵引便上前去检查，电杆在拖拉机牵引力的持续作用下突然弹起，将陆××刮倒在地。

（2）间接原因（管理缺陷）。

1）邦伲公司技术员王××（技术员）在签发施工作业票时未认真审核施工力量是否充足，到现场后又未及时制止用拖拉机立杆的违章作业行为，导致施工作业现场管理混乱，安全监督管理严重缺失。

2）现场人员缺乏相应的工作经验和专业技术知识，自我保护意识不强，在人员不足的情况下，工作负责人不是按照相关规定正确合理地组织工作，而是违章随意起用非工作班成员的拖拉机驾驶员协助立杆，对用拖拉机立杆的危险性缺乏应有的认识，因而未采取相应的组织技术措施，从而为事故的发生埋下重大隐患。

3）邦伲公司对职工特别是对工作负责人的安全教育不力，日常安全管理松懈，导致工作负责人不能很好地履行自己的安全职责，而是违章指挥，冒险蛮干。

4）作为发包单位的供电公司，在工程管理上存在"以包代管"的现象，对施工作业现场的安全监督管理不到位。

【事故中的"违"与"误"】

（1）"违"的主要表现。

1）违反了《电力安全工作规程（电力线路部分）》关于立杆工作，以及工作票所列人员安全责任的有关规定。

2）违反了《工作票制度实施细则》关于工作班成员变更的相关规定。

（2）"误"的主要表现。

1）工作负责人缺乏相应的工作经验和专业技术知识，自我保护意识不强，对用拖拉机立杆的危险性缺乏应有的认识，因而未采取相应的组织技术措施。

2）在起立过程中，当杆根卡在马槽的边上不能起立时，工作负责人陆××未通知停止牵引便上前去检查，并且在检查的过程中站位不正确，以致电杆在拖拉机牵引力的持续作用下突然弹起将其刮倒在地。

二、施工机具缺陷

13. 吉林 740413 某变电站备用变压器吊芯，用钢钎代替钢丝绳套，就位时钢钎脱落，高处坠落重伤

【事故经过】

1974 年 4 月 13 日，在吉林某变电站库房内进行备用变压器吊芯的工作中，安装变压器大盖时，因钢丝绳套粗无法穿进吊环，而将钢钎插入吊环内，然后将钢丝绳套套在钢钎上进行起吊。在大盖落向变压器油箱时，因钢丝绳套不对称，而导致大盖的一侧先落到箱口上，使该侧吊绳松动，钢钎滑脱并击中站在变压器爬梯之上观察大盖下落情况的温 ×× 左臂，使其从 3m 高处跌落至水泥地面，造成左手腕和左腿股骨骨折。

【事故原因】

（1）直接原因。

1）不安全行为。

在起重工作中使用不合格工具，即用钢钎代替钢丝套，导致起重物绑扎不牢固。工作负责人在起吊前未检查所吊物件的捆绑情况。

2）不安全状态。

在大盖落向变压器油箱时，因钢丝绳套不对称，导致大盖的一侧先落到箱口上，使该侧吊绳松动，钢钎滑脱并击中站在变压器爬梯上观察大盖下落情况人员的左臂。

（2）间接原因（管理缺陷）。

1）施工人员对设备结构不够熟悉，又未进行认真的现场勘察，导致准备的钢丝绳套不能使用。

2）施工人员安全思想不牢，缺乏严、细、实的工作作风，出现问题后，不是按规程要求积极想办法解决，而是采取违反规程要求的不可靠的替代方案，导致绑扎不牢靠，吊点不对称。

【事故中的"违"与"误"】

（1）"违"的主要表现。

上述不安全行为和不安全状态违反了《安规》中起重工作的有关规定。

（2）"误"的主要表现。

施工人员安全思想不牢，缺乏严、细、实的工作作风，未进行必要的现场勘察，工器具准备不符合现场要求，对用钢钎代替钢丝绳套的危害认识不足。

14. 湖北 761116 在某 220kV 线路换杆塔工作中，因使用不合格起重滑车，导致受力后突然脱落，人身伤害未遂

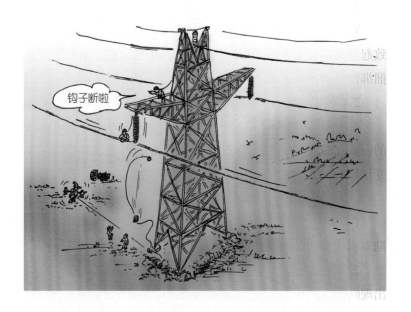

【事故经过】

1976 年 11 月 16 日 10 时，在湖北省某 220kV 线路 36 号铁塔的更换工作中，放右相导线时，提升导线的绞磨刚吃力，挂在横担上的 2t 铁滑车便突然掉落，幸亏导线线夹尚未取下，方才避免了导线及站在该导线上取线夹人员坠落地面，但铁滑车险些打中杆下一名工作人员的后背。经检查，该滑车为新购滑车。从其表面油漆看起来的确是新的，但透过油漆看内部，却发现其吊钩上的承力螺栓是滑丝的旧螺栓，且防止螺帽松脱的穿心销仅仅铆在螺母上而未穿入吊钩本体丝杆的小孔内，属于以旧充新的伪劣产品。

【事故原因】

（1）直接原因。

1）不安全行为。

新购滑车未经试验合格便拿到施工现场使用。

2）不安全状态。

提升导线的绞磨刚吃力，挂在横担上的 2t 铁滑车便突然掉落，险些打中杆下一名工作人员的后背。

（2）间接原因（管理缺陷）。

施工单位在施工机具的购买、验收、试验、保管及使用方面存在漏洞和薄弱环节，相关的规程制度不健全，安全思想不牢，错误地认为新购机具不会有问题，未把住试验验收关，导致伪劣产品进入生产现场。

【事故中的"违"与"误"】

（1）"违"的主要表现。

上述不安全行为和不安全状态违反了《安规》中起重工作的有关规定。

（2）"误"的主要表现。

施工人员的安全思想不牢，错误地认为新购机具不会有问题，导致伪劣产品进入生产现场，并在使用中出问题。

15. 湖北 800404 某 110kV 线路撤杆，脱帽环未经试验合格，工作中折断，抱杆倒落，砸伤头部

脱帽环断啦

【事故经过】

1980 年 4 月 4 日，在湖北省某 110kV 新线路整体组立 4 号耐张铁塔，并撤除原线路 69 号混凝土杆（Ⅱ-24m）的工作中，采用新购回的 13m 铝合金人字倒落式抱杆，该抱杆的脱帽环是工程队自己用 $\phi 28mm$ 圆钢加工的。加工时，电焊工和部分人员对其材质提出疑问，有人建议对脱帽环作拉力试验。

4 月 3 日上午，队长布置副队长徐 ×× 负责清点施工用工具材料。徐 ×× 对抱杆帽不放心，于是到生技股借了拉力表，并打了一两个桩，对抱杆帽进行了拉力试验，但试验只进

行到 4t 拉力时，因角铁桩被拔起而未再试下去。当日下午上班时，队长见徐 ×× 未将工具材料清理好，有些恼火，当听徐 ×× 解释说是试抱杆帽去了，埋怨说："该做的事不做，不该做的事偏要去做。"徐 ×× 说："工具不试验，出了问题谁负责？"队长说："出了问题我负责！"徐 ×× 就未再坚持作试验。

4 月 4 日，在整体倒落重约 5t 多的樊大线 69 号混凝土杆的过程中，当水泥杆与地夹角还有 30° 左右时，脱帽环突然折断，而此时，褚 ×× 与陈 ×× 正在转移抱杆底座的制动桩。陈 ×× 闻声拔腿就跑，而褚 ×× 则站在原地未动。陈 ×× 在跑动的过程中，被倒落的铝合金抱杆打中头部（被送往医院缝了 6 针）倒在田埂下，而抱杆则被田埂支住。褚 ×× 则侥幸地免遭伤害。

经金相分析，确认该脱帽环圆钢的材质为 5CrMnM0。由于此种钢材的可锻性差，且在锻造的过程中发生过烧及淬火，因而其结构中含有粗大马氏体，脆性大，抗拉、抗弯性能差。

【事故原因】

（1）直接原因。

1）不安全行为。

自制的抱杆帽未经试验合格便拿到施工现场使用。

2）不安全状态。

自制脱帽环选用的钢材可锻性差，且在锻造的过程中发生过烧及淬火，因而其结构中含有粗大马氏体，脆性大，抗拉、抗弯性能差，在倒杆的过程中发生折断，造成倒杆。

（2）间接原因（管理缺陷）。

工程队相关领导缺乏相关的安全生产知识和安全意识，仅从表面现象看问题，不懂得钢材的型号和性能，执行规程制度不严格，导致自制的工具未经试验合格即拿到现场使用。

【事故中的"违"与"误"】

（1）"违"的主要表现。

上述不安全行为和管理缺陷均违反了《安规》中"无铭牌或自造的起重机具，必须经试验合格后，方可使用"的规定。

（2）"误"的主要表现。

施工人员缺乏相关安全生产知识和安全意识，不懂得钢材的型号和性能，仅从表面现象看问题，执行规程制度不严。

16. 江苏 050117 在某电建项目进行烟囱提升系统拆除作业时，因卷扬机齿轮轴材质存在多处缺陷，机械强度不够，导致箍圈自烟囱顶部坠落，造成 6 人死亡、1 人重伤

【事故经过】

在某电建项目中，烟囱筒壁砼结构工程从 2004 年 2 月开始施工，至 2004 年 11 月 23 日施工基本完成。因考虑到烟囱钢质内筒施工问题，要将烟囱筒壁提升系统予以拆除。2004 年 11 月 10 日由技术员编制了《烟囱筒壁提升系统拆除作业指导书》，计划从 2005 年 1 月 13 日开始进行拆除作业。

2005 年 1 月 17 日 9 时左右，由项目部副经理安排继续进行拆除作业。拆除作业人员分为两部分：烟囱顶部 9 人，其中施工人员 6 人，指挥人员、机械操作人员、安全员各 1 人；烟

囱底部有拆除作业用 2JKC-5 型电控卷扬机看护人员、监护人员、地面安全监护及指挥。拆除作业中使用 2JKC-5 型电动控制卷扬机。

12 时左右，开始着手拆除烟囱中心鼓圈的准备工作。在 220m 高处鼓圈完全由两根起重钢丝绳吊起后，静止 5min，施工人员观察卷扬机和鼓圈无异常情况，6 名拆除人员在鼓圈内同时松放 6 个倒链并脱钩，此时鼓圈出现晃动现象。为保持鼓圈平稳，在鼓圈内拆除人员喊点落，上部机械操作人员即点动下降按钮，但点动停止按钮时操作无效，鼓圈仍下滑。操作人员立即按动紧急制动按钮，但仍然是操作无效，鼓圈因失去控制而高速下滑，导致卷扬机齿轮箱发出异常响声并随即爆裂，齿轮轴断裂，造成卷扬机损坏，飞出的碎片将卷扬机旁 1 名监护人员击伤，在鼓圈上的 6 名拆除人员随鼓圈同时从 220m 高处坠落至地，经送医院抢救无效，于当天 20 时 45 分止陆续死亡。

【事故原因】

（1）直接原因。

1）不安全行为。

a. 作业前对起重设备检查不到位，导致施工作业中使用有问题的卷扬机。

b. 在中心鼓圈拆除过程中，拆除人员未完全按照《烟囱筒壁提升系统拆除作业指导书》的要求进行，造成卷扬机瞬间承受的最大动负荷大于卷扬机的额定负荷。

2）不安全状态。

2JKC-5 电动控制卷扬机齿轮轴材质存在多处缺陷，机械强度不够，在下降过程中发生故障，停止及紧急制动按钮均操作无效，鼓圈因失去控制而坠落地面。

（2）间接原因（管理缺陷）。

1）施工组织设计存在漏洞和薄弱环节，在编制《烟囱筒壁提升系统拆除作业指导书》时，对起重系统的重要性重视不够，对卷扬机的危险点分析与控制不到位，相关控制措施不完善，导致在施工作业中使用存在严重问题的起重设备。

2）对职工的安全教育和技术交底不到位，导致施工作业人员安全意识淡薄，自我保护能力不强，不能很好地理解与执行《烟囱筒壁提升系统拆除作业指导书》，并在实际操作的过程中出现不应有的违反或失误。

【事故中的"违"与"误"】

（1）"违"的主要表现。

1）违反了《电力建设安全工作规程（火电厂部分）》关于起重工作的有关规定。

2）违反了《烟囱筒壁提升系统拆除作业指导书》的相关规定。

（2）"误"的主要表现。

1）在编制《烟囱筒壁提升系统拆除作业指导书》时，对起重系统的重要性重视不够，对卷扬机的危险点分析与控制不到位，相关控制措施不完善。

2）施工作业人员安全意识淡薄，自我保护能力不强，不能很好地理解与执行《烟囱筒壁提升系统拆除作业指导书》的相关规定。

17. 河南 050927 在某热电项目进行设备吊运作业时，因龙吊刚（柔）性腿与桥架的连接不可靠而导致倒塌，造成 3 人死亡、1 人受伤

快跑，龙吊倒了

【事故经过】

根据工作安排，在 2005 年 9 月 27 日下午，由江西省××建设公司的分包队伍某锅炉设备工程有限责任公司负责，在河南省某热电厂 1# 锅炉施工现场进行烟道小梁设备吊运作业。作业方法是采用龙吊小钩起吊（额定负荷 16t），将运输货车上装载的烟道小梁设备卸到设备堆放场。整个吊运行程从南到北约 65m 左右。

14 时上班后，现场作业由锅炉设备工程有限责任公司王××指挥、40t 龙吊操作工王×× 操作，比较顺利地进行了

第一车设备的吊运作业，共吊了3吊，每吊4t左右。

然而，在进行第二车第二吊（约4.3t）的过程中，行走了约55m（龙吊小钩及吊物离柔性腿13m，距地面约0.6m）时，跟随吊物前进的王××听到龙吊发出'咔嚓'一响，便立即指挥龙吊停下，检查龙吊轨道及行走机构部分，然后抬头看上面的小钩（电动葫芦），未发现异常，于是继续指挥龙吊行走。又走了约0.5m左右，王再次听到同样响声，于是再次叫停，并趴在地上检查了一遍，仍未见异常。当其刚起身抬头向上看时，发现龙吊（龙吊柔性支腿在西侧，驾驶室、刚性腿在东侧）先快后慢向东侧（刚性腿方向）倾倒，于是大声叫道"快跑，龙吊倒了"。

这时天气正在下雨，现场另一作业面的民工孟××等五人，正在距龙门吊东侧轨道18.3m外的用于堆放电焊机的铁皮房中避雨，而最大标高为19.73m的龙吊倒下后正好压在铁皮房上，房中的5人有两人跑出了，另外3人被压在房中的电焊机上。龙吊操作工王××随龙吊倒下，被困在驾驶室中。现场立即组织了抢救工作，经120救护车医务人员认定，被压在铁皮房子中的3人已经死亡，直接送往殡仪馆；王××被医院诊断为右腿骨折。

【事故原因】

（1）直接原因。

1）不安全行为。

a. 施工作业使用不合格的施工机械。

b. 在进行吊运的过程中，当听到起重机械发出异常响声时，未查明原因即继续作业。

2）不安全状态。

a. 刚（柔）性腿与桥架的连接不可靠。该龙门吊刚性腿、柔性腿上支座与桥架主材连接采用的方式是刚（柔）性腿上支座板通过螺栓与桥架支座板连接，桥架支座板与桥架主材下腹板焊接的方式与桥架主材 #32 槽钢间接连接的方式，未用筋板加固，造成刚（柔）性腿与桥架主材无直接有效的联结，一旦焊接薄弱或失效，将引发整机失稳。

b. 龙吊桥架与下腹板的焊接质量不良。一是刚性腿、柔性腿与主梁下腹板焊缝全部采用不开坡口的角焊缝的手工电弧焊，并存在严重的铁锈及夹杂物、焊缝熔化不良和夹渣等缺陷，影响焊缝有效面积，降低了结构强度。另外，焊缝出现多处较严重咬边（深度大于 1.5mm）引起应力集中。二是保证龙吊整机稳定性的桥架主材与下腹板焊缝的焊脚高度及焊缝高度，均远远达不到焊接规范的要求，且角焊缝只焊了一道（按焊接有关规定应最少焊两道），焊缝角度严重偏向桥架下底板，致使槽钢相接处焊缝虚焊，造成焊缝强度严重不足。

c. 由于上述原因，龙门吊刚性腿四个上支座点之一的桥架主材与下腹板焊接因强度不足，而在长时间的工作后产生疲劳效应，从而引起相邻支座点部位强度不足而疲劳失效，致使原来的四处连接仅剩二处，此二处与柔性腿的二处连接形成了一个不稳定的平行四边形结构，因而在吊机晃动或外力的作用下，造成龙吊整机失稳而倒塌。

（2）间接原因（管理缺陷）。

1）合同管理不完善、不规范，设备租赁合同中只提出了决算方法，对技术和安全责任的要求不够明确。

2）对分包单位监管不力，放松对分包方的安全监管，对民工的安全教育、安全培训不严格。

3）作业人员安全意识不强，缺乏对危险因素的辨识能力，起重机械运行中发现异常响声，未引起高度警觉和重视。

4）对作业现场施工机械管理不严，对租赁来的起重设备技术检查不彻底不全面，未能及时发现设备缺陷和隐患，龙门吊轨道安装质量把关不严，存在夹轨螺栓少量漏装现象。

【事故中的"违"与"误"】

（1）"违"的主要表现。

违反了《电力建设安全工作规程（火电厂部分）》关于起重工作和起重机械的有关规定。

（2）"误"的主要表现。

1）作业人员安全意识不强，缺乏对危险因素的辨识能力，起重机械在运行中发现异常响声，未引起高度警觉和重视。

2）对作业现场施工机械管理不严，对租赁来的起重设备技术检查不彻底不全面，未能及时发现设备缺陷和隐患，龙门吊轨道安装质量把关不严，存在夹轨螺栓少量漏装现象。

18. 陕西790324 在某变电站立杆工作中，擅自改变立杆方案，用杂棕绳作牵引绳，杂棕绳被拉断，电杆下落砸死民工

【事故经过】

1979 年 3 月 24 日，在陕西省某变电站立一根 12m 混凝土杆的工作中，变电二班擅自改变原立杆方案，仅用一根 6 分（约 19mm）的杂棕绳作牵引绳，直接起吊。当电杆的头部离地约 1m 时，该棕绳被拉断，电杆落下将民工雷 ×× 砸在下面，致其死亡。

【事故原因】

（1）直接原因。

1）不安全行为。

a. 现场施工作业人员擅自改变原立杆方案，仅用一根 6 分

（约 19mm）的杂棕绳作牵引绳，直接起吊 12m 混凝土电杆。

b. 在立杆过程中，民工雷 ×× 站在距离杆基 1.2 倍杆高以内的危险区范围内。

2）不安全状态。

12m 水泥杆的重量大约在 1000kg 左右，而根据相关规定，6 分白棕绳的安全载重量却只有 300kg 左右（考虑 4 ~ 5 倍的安全系数），两者相差悬殊。而现场使用的杂棕绳（混合麻绳），由于韧性、耐久性和抗腐蚀性均差，所以一般不宜用于起重工作，再加上施工作业中必须考虑的不均衡系数和动荷系数，以及由于现场布置不合理、操作失误等因素所引起的额外荷载，杂棕绳终因不堪重负而被拉断。

（2）间接原因（管理缺陷）。

1）施工的组织工作存在严重的漏洞和薄弱环节，现场作业人员缺乏立杆作业的工作经验和专业技术知识，与实际工作需要不相适应。

2）工作负责人对于杂棕绳的性能与作用缺乏应有的了解，对杂棕绳在立杆过程中的受力状况及其所具有的承载能力心中无数，未经过安全评估就冒然改变立杆方案。

3）施工单位对职工的安全教育培训不到位，现场监督管理不严，导致现场施工人员安全意识淡薄，自我保护能力不强，组织纪律涣散，习惯性违章现象严重。

【事故中的"违"与"误"】

（1）"违"的主要表现。

1）违反了《电业安全工作规程（电力线路部分）》关于立杆工作的有关规定。

2）违反了工作前制定的施工方案和现场安全措施。

（2）"误"的主要表现。

1）施工的组织工作存在严重的漏洞和薄弱环节，现场作业人员缺乏立杆作业的工作经验和专业技术知识。

2）工作负责人对于杂棕绳的性能与作用缺乏应有的了解，对杂棕绳在立杆过程中的受力状况及其承受能力心中无数，未经过安全评估就冒然改变立杆方案。

19. 河北 880413 某电厂起吊叶轮，使用不合格倒链，使用中突然打滑，控制措施不当，叶轮撞击重伤

【事故经过】

1988 年 4 月 13 日，在河北省某发电厂 1 号叶轮给煤机检修工作中，用一个倒链起吊叶轮（直径为 2.7m，重约 0.5t），准备将其脱离立轴后，放到西侧的地面上（需下降 2.5m）。由于倒链固定在煤沟顶部，叶轮吊起后需向西平移约 0.5m，由一人在北侧，一人在南侧，两人在东侧，边向西推，边下降。当向西偏移了约 0.4m 并下降了 0.4m 时，倒链主链突然打滑，叶轮的叶齿碰击南侧人的右腿，致其右腿股骨、胫骨、腓骨骨折。

【事故原因】

（1）直接原因。

1）不安全行为。

a. 在起重作业中使用未经检查试验合格的倒链。

b. 在平移起重物时，未用拉绳进行控制，而是直接用手推。

2）不安全状态。

a. 作业中使用的倒链没有编号，也没有试验，存在主链位置装错的缺陷，失去制动作用，以致在叶轮平移的过程中打滑，导致叶轮出现摇摆和旋转现象。

b. 由于作业人员直接用手推叶轮，以致在叶轮出现摇摆和旋转现象时，叶轮的叶齿碰击一名作业人员的右腿，致其三处骨折。

（2）间接原因（管理缺陷）。

1）施工单位对起重设备的管理存在严重的漏洞和薄弱环节，未严格按规程要求对起重设备进行定期或不定期的试验与检查，对起重设备在保证起重作业安全方面的重要作用缺乏应有的认识，没有严格把住施工作业现场工器具的合格使用关。

2）施工单位对职工的安全教育培训不到位，现场监督管理不严，导致现场施工人员安全意识淡薄，自我保护能力不强，不严格执行安规规定，存在习惯性违章现象。

【事故中的"违"与"误"】

（1）"违"的主要表现。

1）违反了《电业安全工作规程（热力和机械部分）》关于对起重设备进行检查和试验的相关规定。

2）违反了《电业安全工作规程（热力和机械部分）》第

689 条的规定："在起吊大的或不规则的构件时，应在构件上系以牢固的拉绳，使其不摇摆、不旋转。"

（2）"误"的主要表现。

1）现场人员对起重设备在保证起重作业安全方面的重要作用缺乏应有的认识，安全风险意识淡薄，自我保护能力不强，没有严格把住施工作业现场工器具的合格使用关。

2）现场人员对直接用手推起重物的危险性缺乏应有的认识，对安规的相关规定不熟悉、不理解，因而采取了直接用手推起重物的不安全行为。

20. 甘肃030619 某电厂机炉基建施工，倒链挂钩焊接不牢，起吊中发生断裂，一名工作人员头部遭到挤撞，经抢救无效死亡

【事故经过】

2003 年 6 月 19 日，在甘肃省某发电公司 4 号机炉基建施工中，在 B 磨煤机内部吊装质量为 935.2kg 的锥体时，因倒链挂钩处吊耳焊接不牢、一侧漏焊而断裂，致使内锥体突然摆动，一名工作人员头部遭到挤撞，经抢救无效死亡。

【事故原因】

（1）直接原因。

1）不安全行为。

在施工作业中使用不合格的起重工器具——倒链。

2）不安全状态。

施工人员在 B 磨煤机内部用倒链吊装质量为 935.2kg 的锥体时，因倒链挂钩处吊耳一侧漏焊，致使倒链在起吊过程中因不堪重负而断裂，锥体突然摆动并撞击一名工作人员的头部，致其因抢救无效而死亡。

（2）间接原因（管理缺陷）。

1）施工单位对起重设备的安全管理不重视，在施工机具的保管与检查试验方面存在严重的漏洞和薄弱环节，导致不合格的施工机具进入施工作业现场。

2）施工单位对职工的安全教育和技能培训不到位，现场施工人员安全意识淡薄，自我保护能力不强，对起重设备在保证起重作业安全方面的重要作用缺乏应有的认识，没有严格把住施工作业现场工器具的合格使用关。

【事故中的"违"与"误"】

（1）"违"的主要表现。

违反了《电业安全工作规程（热力和机械部分）》关于对起重设备进行检查和试验的相关规定。

（2）"误"的主要表现。

现场施工人员安全意识淡薄，自我保护能力不强，对起重设备在保证起重作业安全方面的重要作用缺乏应有的认识，没有严格把住施工作业现场工器具的合格使用关。

21. 宁夏 790422 某 6kV 线路立杆，抱杆帽与抱杆不配套，临时拉绳数量不足，抱杆倒落，砸死施工人员

【事故经过】

1979 年 4 月 22 日，在某 6kV 线路改造工作中，用固定式抱杆立杆。由于抱杆帽比较大，与抱杆不配套，且只用前后两根拉绳，而无左右拉绳，因而在立杆后收牵引绳和滑车时，抱杆倾斜并随即脱帽倒下，工人孙 ×× 被砸致死。

【事故原因】

（1）直接原因。

1）不安全行为。

a. 在施工作业中使用不合格的起重机具——倒链。

b. 在抱杆拖拉绳未设置完全的情况下应开始立杆作业。

2）不安全状态。

由于抱杆只设置了前后两根拉绳，而无左右拉绳，加之抱杆帽与抱杆不配套，因而抱杆的稳定性无法保证，以致在立杆后收牵引绳和滑车时，造成抱杆帽脱落并倒下。

（2）间接原因（管理缺陷）。

1）施工单位对起重设备的安全管理不重视，在施工机具的保管与检查试验方面存在严重的漏洞和薄弱环节，导致不合格的施工机具进入施工作业现场。

2）施工单位对职工的安全教育和技能培训不到位，现场管理混乱，导致现场施工人员安全意识淡薄，缺乏最起基本的起重作业知识，不仅不能严格把好施工机具的合格使用关，而且在抱杆应采取的稳固措施上也偷工减料，习惯性违章作业现象严重。

【事故中的"违"与"误"】

（1）"违"的主要表现。

1）违反了《电业安全工作规程（热力和机械部分）》关于对起重设备进行检查和试验的相关规定。

2）违反了《电业安全工作规程（热力和机械部分）》第771条的规定："选用抱杆应经过计算，抱杆至少应有四根拖拉绳，人字抱杆应有二根拖拉绳，所有拖拉绳均应固定在已经计算过的地锚或建筑物上。"

（2）"误"的主要表现。

现场施工人员安全意识淡薄，缺乏最基本的起重作业知识，不仅不能严格把好施工机具的合格使用关，而且在抱杆的稳固措施上偷工减料，从而为事故的发生埋下定时炸弹。

22. 福建 061106 在某 500kV 线路 #2 塔分解组立施工中，因抱杆后拉线绷断，导致抱杆下滑，割伤作业人员的脸腮和左臂

【事故经过】

2006 年 11 月 6 日上午，在福建省某 500kV 线路架设工程中，拟采用 $\phi140 \times 11m$ 钢管抱杆单杆双拉线起吊的方式，对 2# 塔（塔型 SJ6-27）进行分解组立。

当日作业前的现场状况是：塔腿已组立好十四段、十五段两段，高度 23.7m，钢管抱杆升在 B 腿主材内侧固定在 17m 处位置，抱杆顶部倾斜至 C 腿上方，抱杆中下部靠在斜材位置绑绕一道抱箍，在抱杆顶部设有一道用 $\phi11$ 钢丝绳（作业指导书要求用 $\phi13$ 钢丝绳）连接至 B 腿主材顶端绑扎固定的拉绳。

7 时 50 分左右，在起吊（1423-1433）双主材与单主材连

接底座（单件质量为 570kg）的过程中，吊件即将就位时，施工员李 ×× 登到 C 腿外侧站好位置并系好安全带及二道防护腰绳，准备登膛就位，抱杆顶部设置的拉绳忽然绷断，造成抱杆与吊件下滑偏移，将李 ×× 的右脸腮及左臂肌肉表面割伤。

【事故原因】

（1）直接原因。

1）不安全行为。

a. 在设置抱杆顶部的临时拉绳时以小代大，即用 $\phi11$ 钢丝绳代替作业指导书要求的 $\phi13$ 钢丝绳。

b. 在使用钢丝绳时，未能检查发现钢丝绳存在受损情况。

2）不安全状态。

由于抱杆顶部的临时拉绳在设置时以小代大，且存在受损情况，因此在起吊塔材的过程中，该拉绳因不堪重负而绷断，造成抱杆及吊件下滑偏移并将杆作业人员割伤。

（2）间接原因（管理缺陷）。

1）现场监督检查人员对施工现场的检查监督不力，未能发现、监督施工过程按照有关规范，规程施工要求进行。

2）对施工人员的安全教育和专业技术培训不到位，现场施工人员安全意识谈薄，专业知识比较欠缺，对抱杆顶部临时拉绳的设置缺乏应有的认识，对作业指导书的相关规定不理解，因而未严格按照作业指导书和安全技术交底的要求进行，而是以小代大且使用有损伤的钢丝绳来制作临时拉绳。

3）施工单位对班组的安全管理制度落实不到位，危险点分析和控制措施不完善，在起吊条件发生变化的情况下，未能及时采取相应的针对性安全措施。

【事故中的"违"与"误"】

（1）"违"的主要表现。

1）违反了《电业安全工作规程（热力和机械部分）》关于对起重机具进行检查和试验的相关规定。

2）违反了现场标准化作业指导书的相关规定。

（2）"误"的主要表现。

现场施工人员安全意识谈薄，专业知识比较欠缺，对抱杆顶部临时拉绳的设置缺乏应有的认识，对作业指导书的相关规定不理解，因而未严格按照作业指导书和安全技术交底的要求进行，而是以小代大且使用有损伤的钢丝绳来制作临时拉绳。

三、锚固及受力点缺陷

23. 湖北 761116 某 220kV 线路换塔，桩锚布置不当，地滑车桩锚上拔，处置方法错误，多人轻伤

【事故经过】

1976 年 11 月 16 日 16 时，在湖北省某 220kV 线路撤除 36 号铁塔的工作中，由于绞磨距电杆较近，且绞磨、地滑车、杆塔中心在一条直线上，因而地滑车桩锚所受的上拔力较大，在旧塔倒落至塔身即将着地时，地滑车的桩锚开始上拔。又由于前方是一个陡坡，因而此时的塔头仍悬空十几米。于是有十几个人压在牵引绳上，以试图减轻该桩的上拔力，但该桩还是被连根拔起，造成压绳人员王××、孔××、翟××等被腾

空吊起，其中王××离地约 3m 左右，其左手小指被地滑车撞破皮。随后，绞磨桩锚也被拔起，所幸周围人员已经避开。

【事故原因】

（1）直接原因。

1）不安全行为。

为减轻地滑车桩锚所受的上拔力，有十几个人冒险压在牵引绳上。

2）不安全状态。

由于绞磨距电杆较近，且绞磨、地滑车与杆塔中心布置在一条直线上，地滑车桩锚因所受上拔力过大而被连根拔起，并导致绞磨桩锚也随之被拔起。

（2）间接原因（管理缺陷）。

施工单位安全管理和安全教育培训不到位，施工人员缺乏相应的安全生产知识和严细实的工作作风，工作前未结合现场实际制定切实可行的施工方案和安全技术措施，导致现场各受力点的布置不适当，尤其是地滑车的锚固措施存在严重安全隐患。

【事故中的"违"与"误"】

（1）"违"的主要表现。

上述不安全行为、不安全状态和管理缺陷均违反了《安规》中立撤杆工作的有关规定。

（2）"误"的主要表现。

施工人员缺乏相关安全生产知识和安全意识，对地滑车的受力状况心中无数，不懂得结合现场实际进行受力分析，因而在出现异常情况时，采取了不正确的处置方法。

24. 四川 050723 某 63kV 线路铁塔分解组立，风绳桩锚被大风拔起，塔头及抱杆坠落，5 人高处坠地，2 死 3 伤

【事故经过】

2005 年 7 月 23 日，四川省某项目部第三施工队队长甘××与现场安全负责人陈××带领 23 名施工人员，采用悬浮式内拉线抱杆分解组立方式，进行 N2058 塔（ZB63A—30）组立施工。

13 时 40 分，当铁塔横担起吊到位，绞磨停止牵引，控制绳调整到位并固定好时，指挥员叫地面人员固定好所有控制风绳并保持稳定，然后安排人员登杆进行组装。13 时 50 分左右，风力突然转大，超过 6 级（县气象局记载当时的风速为 11～14m/s，由于现场处于较强的风口位置，估计风速更大），导致横担左侧控制绳的桩锚被拔起，风绳失去控制，铁塔上、下曲

臂向大号侧扭倒，抱杆也随之倾倒，高空人员张××由于尚未拴好安全带而当即从空中坠落，黄××、何××、阿尔××、吉拿××4人随曲臂坠落，共造成2人死亡,1人重伤,2人轻伤。

【事故原因】

（1）直接原因。

1）不安全行为。

施工作业人员在6级以上大风下从事立塔及杆塔上作业。

2）不安全状态。

13时50分左右，风力突然转大，超过6级，横担左侧控制绳的桩锚被拔起，风绳失去控制，铁塔上、下曲臂向大号侧扭倒，抱杆也随之倾倒。

（2）间接原因（管理缺陷）。

1）现场安全管理存在漏洞和薄弱环节，在大风季节施工作业缺乏相应的防范意识和严、细、实的工作作风，导致桩锚的稳固性不符合施工安全要求。

2）施工单位对安全生产不够重视，存在抢进度、忽视安全的现象，对在强风条件下进行杆塔上作业的危险性认识不足，在风力加大之际既没有及时中止工作，也没有采取相应的安全措施。

【事故中的"违"与"误"】

（1）"违"的主要表现。

违反了《安规》中"杆塔上作业应在良好天气下进行，在工作中遇有6级以上大风以及雷暴雨、冰雹、大雾、沙尘暴等恶劣天气时，应停止工作"的规定。

（2）"误"的主要表现。

施工人员对在强风条件下进行杆塔上作业的危险性认识不足。

25. 黑龙江 920314 某 110kV 线路转移电杆，绞磨桩锚打得过浅，电杆受阻后被拔起，打伤绞磨操作人员

【事故经过】

1992 年 3 月 14 日，根据 ×× 电业局送电工区的安排，施工人员拟使用 3T 机动绞磨，将要进行带电作业更换的水泥杆转运到某 110kV 线路施工现场。

上午 8 时，四人到现场（现场为冻结了的沼泽地）后，主任到 305 号、306 号杆看路径，其他 3 人做运杆的准备工作。现场采取的措施是，将稳定绞磨的桩锚（用角铁一端磨一个尖）打在"塔头墩子"根部，桩锚长 1.1m，打入深度 0.3m，对地夹角 70°，距绞磨 1.2m。

在做好准备工作后，现场人员未请示工作负责人，就自行

开始搬运水泥电杆。当电杆运行到距绞磨 20m 时，被"塔头墩子"卡住。机动绞磨操作人员方 × 随即绞磨由高速挡调至低速挡。不料，在其进行换挡操作时，桩锚被拔出并打中其左后背。

【事故原因】

（1）直接原因。

1）不安全行为。

a. 作业时，工作负责人不在现场，施工人员未经工作负责人对现场进行全面检查并下达开工令，就擅自开始转运电杆的作业。

b. 施工人员未将固定绞磨的桩锚打到应有的深度，导致机动绞磨"带病运行"。

c. 在电杆转运遇阻的情况下，机动绞磨操作人员未及时停机。

2）不安全状态。

由于固定机动绞磨的桩锚打得过浅，加之操作人员在电杆运行受阻时未及时停机，导致桩锚因受力增大而被拔出，并打在操作人员的左后背。

（2）间接原因（管理缺陷）。

1）现场组织工作存在严重的漏洞和薄弱环节。一是工作前未制定完善的组织技术措施；二是到现场后未进行安全技术交底；三是作业时工作负责人不在现场。导致现场管理无人负责，机动绞磨的固定措施存在重大事故隐患等一系列问题。

2）施工单位对职工的安全教育和专业技术培训不到位，导致现场人员安全意识淡薄，自我保护能力不强，不能正确处理施工中遇到的问题，尤其是在绞磨桩锚的设置上，带有很大的盲目性，反映出现场人员缺乏相应的工作经验和专业技术知识。

3）施工单位对施工作业现场的安全监督管理和考核不严格，导致施工作业现场的组织纪律性不强，习惯性违章现象比较严重。

【事故中的"违"与"误"】

（1）"违"的主要表现。

1）违反了《电业安全工作规程（电力线路部分）》第105条的规定："工作前，工作负责人应对起重工作和工具进行全面检查。"

2）违反了《电业安全工作规程（电力线路部分）》第106条的规定："起重机械，如绞磨、汽车吊、卷扬机、手摇绞车等，必须安置平稳牢固，并应设有制动和逆制装置。"

（2）"误"的主要表现。

1）到现场后，工作负责人不是先安排好现场工作，而是去305号、306号杆看路径，导致现场组织管理工作无人负责，施工人员各行其是。

2）现场人员安全意识淡薄，自我保护能力不强，缺乏相应的工作经验和专业技术知识，以致在绞磨桩锚的设置，以及电杆运行遇阻的处理上均出现重大失误。

26. 湖北 761118 某 220kV 线路换塔，绞磨二连桩锚摽棍脱落，检查不到位，处置不当，单桩被拔起，人身轻伤

【事故经过】

1976 年 11 月 18 日 16 时，在湖北省某 220kV 线路 24 号铁塔更换的工作中，当旧塔的塔头倒至距地面约 2m 左右时，负责绞磨的工人陈 ×× 发现绞磨有两次向前微动，没引起注意。当第三次移动时，陈 ×× 才发现是固定人力绞磨的桩在走动，走动的原因是连环桩的摽棍脱落。该连环桩立新塔时用一根长钢钎摽着，新塔立好后，长钢钎被王 ×× 拿走，换了根短的，短钢钎由于不够长未摽好而自行脱落。

陈 ×× 在倒旧杆前未认真检查，发现异常情况后反应不敏感，不仅未及时向现场指挥反映情况，暂停作业并将连桩重

新摽起来，反而将绞磨滚筒上的钢丝绳连续放了几把，导致该桩在冲击力的作用下被加速拔起，绞磨失控前移，绞磨杠将一民工前额打破。

【事故原因】

（1）直接原因。

1）不安全行为。

a. 陈××在倒旧杆前未检查绞磨桩锚的完好情况，导致绞磨"带病运行"。

b. 陈××在发现绞磨桩锚的问题后采取了错误的处置方法，导致绞磨桩锚被拔起。

2）不安全状态。

固定绞磨的二连桩由于没有摽紧，实际上只有一个桩在起作用，而由于在倒杆的过程中绞磨所承受的荷载是越来越大，因此，到一定程度后，一个桩将可能承受不了本应由两个桩分担的荷载，加上负责绞磨的人员将绞磨滚筒上的钢丝绳连续放了几把，牵引钢丝绳放松后又突然收紧所产生的冲击力，最终导致该桩被拔起，绞磨失控前移并打伤一名民工。

（2）间接原因（管理缺陷）。

1）施工作业未按照《电业安全工作规程（电力线路部分）》的规定，制定全面细致的安全措施并向全体施工人员进行技术交底，而主要是凭指挥人员的经验办事，因而不避免地存在漏洞和薄弱环节，例如：在倒旧杆作业前，未提醒各岗位对施工机具和桩锚的完好情况进行认真的检查，误以为在立新杆时没有出什么问题，倒旧杆时也不会有什么问题，存在重进度、轻安全的思想，对施工作业过程中，尤其是立、撤杆工作转换的过程中，可能出现的各种变化和不安全因素，缺乏应有的警觉和防范意识。

2）施工单位对职工的安全教育和专业技术培训不到位，导致现场人员安全意识淡薄，自我保护能力不强，缺乏相应的工作经验和专业技术知识，对安规的相关规定不熟悉，发现异常情况不是及时报告现场指挥人员，以采取正确的处理措施，而是擅自采取违背技术原理的错误的处置办法。

【事故中的"违"与"误"】

（1）"违"的主要表现。

违反了《电业安全工作规程（电力线路部分）》第70条的规定："立、撤杆塔等重大施工项目（具体项目由供电局决定）应制定安全技术措施，并经局主管生产领导（总工程师）批准。"

（2）"误"的主要表现。

1）指挥人员在倒旧杆作业前，未提醒各岗位对施工机具和桩锚的完好情况进行认真的检查，对施工作业过程中，尤其是立、撤杆工作转换的过程中，可能出现的各种变化和不安全因素，缺乏应有的警觉和防范意识。

2）现场人员安全意识淡薄，自我保护能力不强，缺乏相应的工作经验和专业技术知识，发现异常情况后，不是及时报告现场指挥人员以采取正确的处理措施，而是擅自采取违背技术原理的错误的处置办法。

27. 某县电力局 951117 某 10kV 线路立杆，吊点位置不当、绑扎不牢，起吊中电杆脱落，砸伤施工人员

【事故经过】

1995 年 11 月 17 日，某县电力局劳动服务公司在用吊车起立一基 10kV 线路电杆时，由于吊点位置选择不当，致使在起吊过程中杆的底部离地面约 80cm 时，杆梢仍未离开地面。见此情形，工作班成员贺 ×× 便冒险上前用身体压住电杆的底部，以试图平衡重心，不料吊点钢丝绳套卡子的螺母脱扣，贺 ×× 随电杆下落，其左腿被电杆撞击，造成粉碎性骨折。

【事故原因】

（1）直接原因。

1）不安全行为。

a. 施工人员对电杆吊点位置的选择不正确。

b. 施工人员未将吊点钢丝绳套卡子的螺母拧紧。

c. 工作班成员贺 ×× 冒险用身体压住电杆的底部，以试图平衡吊点两侧的重力。

d. 工作负责人监护不到位，未及时制止贺 ×× 的不安全行为。

2）不安全状态。

由于吊点位置选择不当，致使电杆的底部离地面约 80cm 时，杆梢仍未离开地面；又由于吊点钢丝绳套卡子的螺母未上紧，以致该螺母在起吊的过程中脱扣，电杆下落并击伤施工人员的左腿。

（2）间接原因（管理缺陷）。

1）施工单位对职工的安全教育和专业技术培训不到位，导致现场人员安全意识淡薄，工作责任心不强，缺乏相应的工作经验和专业技术知识，不仅未掌握如何确定吊点位置的技术和方法，而且在发现吊点位置不正确后的处置方法也是极端错误的，不是将电杆放下来重新确定吊点位置，而是采取违背技术原理和安全规定的不安全行为。

2）现场作业未制定完善的安全措施计划，现场安全监督管理不到位，组织指挥不得力，工作负责人存在重进度、轻安全的思想，不能及时制止违章作业的现象。

【事故中的"违"与"误"】

（1）"违"的主要表现。

1）违反了《电业安全工作规程（电力线路部分）》第76条的规定："使用吊车立、撤杆时，钢丝绳套应吊在杆的适当位置以防止电杆突然倾倒。"

2）违反了《电业安全工作规程（电力线路部分）》关于工作监护制度和工作票所列人员安全责任的相关规定。

（2）"误"的主要表现。

现场人员安全意识淡薄，工作责任心不强，缺乏相应的工作经验和专业技术知识，不仅未掌握如何确定吊点位置的技术和方法，而且在发现吊点位置不正确的问题后，采取了极端错误的处置方法。

四、操作失误

28. 陕西省 630628 某 66kV 变电站变压器吊芯，起吊绳索夹角过大、绑扎不当，导致吊环断裂，监视人员小指被夹断两节

【事故经过】

1963 年 6 月 28 日，在处理某 66kV 变电站主变压器绕组绝缘不良问题的工作中，在调整绕组起吊高度时，由于起吊钢丝绳短而导致起吊绳索间夹角大于 90°，铁芯吊环因受力过大而断裂；又因捆绑方法不当，致使吊环断裂后吊件失去平衡，钢丝绳因承受不了过大的冲击力而被折断，铁芯坠落并将大箱内的油溅出箱外。溅出的油喷在位于散热器上监视绕组起吊位置的许××的身上，致使其因站立不稳而坠落。

在坠落的过程中，许××的右手无意识地抓在门型塔吊的钢构

架上，其小指被钢构架斜拉材的缝隙所夹住，导致2节指骨被夹掉。

【事故原因】

（1）直接原因。

1）不安全行为。

a. 施工人员在操作中出现一系列失误：因使用长度不合格的起重绳索而导致铁芯吊环因受力过大而断裂；因对吊件的捆绑方法不当而导致铁芯坠落并将大箱内的油溅出箱外。

b. 位于散热器上监视绕组起吊位置的许××未按规定系安全带。

2）不安全状态。

由于起吊钢丝绳短而导致起吊绳索间夹角大于90°，铁芯吊环因受力过大而断裂；又因捆绑方法不当，致使吊环断裂后吊件失去平衡，钢丝绳因受过大冲击力而折断，铁芯坠落并将大箱内的油溅出箱外，导致未系安全带的许××从高处坠落。

（2）间接原因（管理缺陷）。

施工单位安全管理和安全教育不到位，导致施工人员缺乏相应的安全生产知识和严、细、实的工作作风，工作前未结合现场实际制订切实可行的施工方案，施工准备不认真，导致所带工具不能满足施工要求；当发现钢丝绳不够长时，不是严格按规程要求办理，而是将就、凑合，绑扎的方法也不正确。

【事故中的"违"与"误"】

（1）"违"的主要表现。

违反了《电力建设安全工作规程（变电所部分）》中关于起重工作的有关规定。

（2）"误"的主要表现。

施工人员缺乏相应的力学知识，对于起吊绳索夹角过大的危害性心中无数，盲目蛮干。

29. 河北 900706 在某电厂磨煤机检修作业中，用两倒链配合起吊空心轴瓦盖时，由于配合不当，导致倒链脱钩，重物压住工人小腿造成骨折

【事故经过】

1990 年 7 月 6 日，在某热电厂 3# 磨煤机检修作业中，在起吊重约 300kg 的空心轴瓦盖时，一位同志指挥用一个 5t 倒链和一个 2t 倒链配合着将瓦盖平移。

由于两个倒链下落的速度不一样，空心轴瓦盖的两角顶在水泥基座上，导致下落快的倒链脱钩。又因为挂钢丝绳时没有将两个倒链的绳套卡在一起，因而在一个倒链脱钩后，另一个也失去了作用，空心轴瓦盖向旁边偏倒。指挥者赶紧用手去推，不仅没能推住，反而导致右小腿被瓦盖压住，造成骨折。

【事故原因】

（1）直接原因。

1）不安全行为。

a. 在起吊空心轴瓦盖的过程中，两个倒链的操作不协调，下落的速度不一样。

b. 当空心轴瓦盖向旁边偏倒时，指挥者赶紧去推。

2）不安全状态。

由于两个倒链下落的速度不一样，空心轴瓦盖的两角顶在水泥基座上，导致下落快的倒链脱钩；又因为挂钢丝绳时没有将两个倒链的绳套卡在一起，因而在一个倒链脱钩后，另一个也失去了作用，空心轴瓦盖向旁边偏倒。

（2）间接原因（管理缺陷）。

1）工作负责人的组织指挥能力不强，两个倒链的操作不协调，下落的速度不一样，导致吊件在下落的过程中失去平衡。

2）施工单位对职工的安全教育和专业技术培训不到位，导致现场人员缺乏相应的工作经验和专业技术知识，安全意识淡薄，自我保护的能力不强，当空心轴瓦盖向旁边偏倒时，指挥者错误地用手去推。

3）现场安全措施不完善，危险点分析与控制不到位。

【事故中的"违"与"误"】

（1）"违"的主要表现。

违反了《电力建设安全工作规程（变电所部分）》中关于起重工作的有关规定。

（2）"误"的主要表现。

现场人员缺乏相应的工作经验和专业技术知识，安全意识淡薄，自我保护的能力不强，当吊件向旁边偏倒时，指挥者赶紧用手去推。

30. 辽宁 820310 在某 66kV 线路立杆作业中，绞盘汽车未采取防滑措施，立杆时产生滑动，挤死一名施工人员

【事故经过】

1982 年 3 月 10 日，在某 66kV 线路起立水泥电杆的作业中，由于绞盘汽车未采取防滑措施，在起吊电杆时，绞盘汽车滑动，将一名工作人员挤伤致死。

【事故原因】

（1）直接原因。

1）不安全行为。

a. 工作负责人未对起重工作和工具进行全面检查就开始起吊电杆的工作。

b. 在起吊电杆时，一名工作人员的站位不正确。

2）不安全状态。

由于对绞盘汽车没有采取应有的防滑和防移动的措施，因而在起吊电杆的过程中，绞盘汽车受力后产生滑动，将站位不正确的一名工作人员挤伤致死。

（2）间接原因（管理缺陷）。

1）施工单位对职工的安全教育和专业技术培训不到位，导致现场人员缺乏相应的工作经验和专业技术知识，安全意识淡薄，自我保护的能力不强，在布置绞盘汽车时，未采取相应的稳固措施，为事故的发生埋下重大隐患。

2）现场组织技术措施不完善，危险点分析与控制不到位，工作负责人未真正担负起现场安全监护的责任，存在重进度、轻安全的思想，作业前未按要求对现场进行全面检查，未结合现场实际对施工人员进行必要的技术交底和安全思想教育，在工作中不能全面观察和掌握各岗位的动态，不能及时发现并纠正现场存在的不安全状态和不安全行为。

【事故中的"违"与"误"】

（1）"违"的主要表现。

1）违反了《电业安全工作规程（电力线路部分）》第105条的规定："工作前，工作负责人应对起重工作和工具进行全面检查。"

2）违反了《电业安全工作规程（电力线路部分）》第106条的规定："起重机械，如绞磨、汽车吊、卷扬机、手摇绞车等，必须安置平稳牢固，并应设有制动和逆制装置。"

3）违反了《电业安全工作规程（电力线路部分）》工作监护制度和工作票所列人员安全责任的相关规定。

（2）"误"的主要表现。

1）现场人员缺乏相应的工作经验和专业技术知识，安全意识淡薄，自我保护的能力不强，在布置绞盘汽车时，未采取相应的稳固措施，为事故的发生埋下重大隐患。

2）工作负责人未真正担负起现场安全监护的责任，作业前未按要求对现场进行全面检查，不能及时发现并纠正现场存在的不安全状态和不安全行为。

31. 安徽 090129 在某 110kV 线路吊装钢管杆时，因吊车司机经验不足，造成电杆摆动，碰及施工人员腿部造成多处骨折

啊！

【事故经过】

2009 年元月 29 日，在某新建 110kV 线路 4# 钢管杆（杆高 2.64m，杆重 8.3t）的立杆工作中，施工单位租用省电力公司物资公司 40t 吊车进行整体起吊。

10 时 30 分左右，当钢管杆基本就位后，因 40t 吊车操作系统失灵，无法升降，故又调来一台 25t 的吊车将钢管杆调起就位。

在 25t 吊车与 40t 吊车进行受力转换的过程中，已基本就位的钢管杆发生偏转摆动，碰击工人邢 ×× 的小腿，造成其右小腿胫骨、腓骨及左脚跟、距骨骨折。

【事故原因】

（1）直接原因。

1）不安全行为。

在 25t 吊车与 40t 吊车进行受力转换的过程中，操作不谨慎，导致已基本就位的钢管杆发生偏转摆动。

2）不安全状态。

在 25t 吊车与 40t 吊车进行受力转换的过程中，由于没有采取防止电杆偏转摆动的措施，以致在钢管杆意外发生偏转摆动时，猝不及防，造成工人邢××的右小腿胫骨、腓骨及左脚跟骨、距骨骨折。

（2）间接原因（管理缺陷）。

1）租用省物资公司 40t 吊车，原吊车司机有事离开，由其助手操作，由于经验不足，在起吊过程中出现操作系统失灵的问题。

2）施工班组在作业条件变更的情况下（40t 倒换 25t 吊车时），未进行相应的危险点分析与控制，缺乏相应的工作经验和风险防范意识，未全面周到地考虑在更换吊车的过程中可能会出现哪些问题和薄弱环节，也未考虑到应采取什么样的防范措施，因而在吊车转换的过程中，电杆因失去应有的控制而发生偏转和摆动，并将毫无思想准备的人员打伤。

【事故中的"违"与"误"】

（1）"违"的主要表现。

违反了《电业安全工作规程（电力线路部分）》第 105 条的规定："起重工作必须由有经验的人领导，并应统一指挥，统一信号，明确分工，做好安全措施。"

（2）"误"的主要表现。

施工班组在作业条件变更的情况下，未进行相应的危险点分析与控制，缺乏相应的工作经验和风险防范意识，未全面周到地考虑在更换吊车的过程中可能会出现哪些问题和薄弱环节，也未考虑到应采取什么样的防范措施。

32. 河北 921028 某电厂起吊送粉管道，使用钢丝绳不当，钢丝绳断裂，管道下落，砸死临时工

【事故经过】

1992 年 10 月 28 日，在河北省某电厂起吊 1 号炉送粉管道的工作中，因使用钢丝绳不当，使钢丝绳形成了一个死弯，导致其承载能力降低了 50%，再加上撬棍的外力作用，钢丝绳在死弯处断裂，吊起的送粉管道连同 12m 平台上的预制钢圈一同落了下来，砸在 0m 层一名临时工身上，经抢救无效死亡。

【事故原因】

（1）直接原因。

1）不安全行为。

a. 在起重作业中因使用方法不当，导致钢丝绳形成了一个死弯。

b. 在起重作业中，当钢丝绳形成了一个死弯后，未经处理和鉴定合格仍继续使用。

c. 在起吊过程中，吊物的下方有人逗留或通过。

2）不安全状态。

钢丝绳形成死弯后，其承载能力降低了 50%，再加上撬棍的外力作用，导致钢丝绳在死弯处断裂，吊起的送粉管道连同 12m 平台上的预制钢圈一同坠落至 0m 层，并砸在一名临时工的身上。

（2）间接原因（管理缺陷）。

1）施工单位对职工的安全教育和专业技术培训不到位，导致现场人员缺乏相应的工作经验和专业技术知识，安全意识淡薄，自我保护的能力不强，对钢丝绳形成死弯后的危险性缺乏应有的警觉和认识，未进行相应的处理和鉴定仍继续使用。

2）现场组织技术措施不完善，危险点分析与控制不到位，在起吊作业的过程中，未采取防止其他人员在起重工作区域内和起吊物的下方逗留或通过的防范措施，导致吊物坠落时将一名临时工砸死。

【事故中的"违"与"误"】

（1）"违"的主要表现。

1）违反了《电力建设安全工作规程（火电厂部分）》关于对钢丝绳检查、试验和使用的有关规定。

2）违反了《电力建设安全工作规程（火电厂部分）》第10.1.8 条的规定："起重工作区域内无关人员不得逗留或通过；

起吊过程中严禁任何人员在起重机伸臂及吊物的下方逗留或通过。"

（2）"误"的主要表现。

1）操作不慎，导致使用中的钢丝绳出现死弯。

2）现场人员缺乏相应的工作经验和专业技术知识，安全意识淡薄，自我保护能力不强，对钢丝绳形成死弯后的危险性缺乏应有的警觉和认识，未经处理合格仍继续使用。